写给孩子的天文课

左文文 主编

SPH 南方出版传媒·广东人民出版社
·广州·

图书在版编目（CIP）数据

写给孩子的天文课／左文文主编 . — 广州：广东
人民出版社，2021.8

ISBN 978-7-218-14696-6

Ⅰ. ①写… Ⅱ. ①左… Ⅲ. ①天文学－少儿读物
Ⅳ. ① P1-49

中国版本图书馆 CIP 数据核字（2020）第 242122 号

XIEGEI HAIZI DE TIANWENKE

写给孩子的天文课

左文文　主编

出 版 人：肖风华

责任编辑：李力夫
责任技编：吴彦斌　周星奎
装帧设计：淼　玖

出版发行：广东人民出版社
地　　址：广州市海珠区新港西路 204 号 2 号楼（邮政编码：510300）
电　　话：（020）85716809（总编室）
传　　真：（020）85716872
网　　址：http://www.gdpph.com
印　　刷：北京彩虹伟业印刷有限公司
开　　本：880mmx1230mm　1/32
印　　张：6.5　字　数：109 千
版　　次：2021 年 8 月第 1 版
印　　次：2021 年 8 月第 1 次印刷
定　　价：49.80 元

本书编委会

前　言
FOREWORD

正在阅读这篇前言的朋友，你好。你和这本书的奇妙相遇，将从此开始。

这本书的构思最早可以追溯到3年前。在面向公众开展科普活动时，我经常会被小朋友们问到各种天马行空的问题。有些问题很高深，例如黑洞是什么？黑洞吃进去的东西会吐出来吗？暗物质和暗能量是真的吗？还有一些问题是日常生活中看到的天文现象，例如为什么月有阴晴圆缺？为什么能同时看到太阳和月亮？还有一些问题充满想象力，例如你相信星座吗？你相信有外星人吗？射电望远镜会射电吗？

这些问题都很有趣，也值得我们好好回答。一问一答，这是科普讲座后的必备环节。但往往在一场讲座后，我回忆起当时小朋友们的问题和自己的回答，总觉得意犹未尽，为没能将问题涉及的系列知识，尤其是天文学家们的那些小故事娓娓道来而略感遗憾。我将这些问题和自己的思考都一一记下，并做好归类。

终于，将这些思考系统地汇总并与更多人分享的机会来了。2020年，我有幸得到广东人民出版社的邀请，为孩子们创作一本天文科普类书籍。虽然内心很忐忑，但我勇敢地接受了这个邀请。我问自己："孩子喜欢和需要什么样的天文科普类书籍？而我又能为孩子呈现什么样的书呢？"经过调研和反思之后，我确信以下两点：

不要拘泥于多且全，要挑重点，兼顾孩子们感兴趣的话题、前沿研究与生活中的天文学。本书第二章"天文学家的'工具'"介绍了如今天文学家们探索宇宙所借助的主要手段——光、引力波和中微子，以及对应的探测设备，你会发现天文学家们所说的"光"和你原以为的"光"不太一样。第三章"重识'老邻

FOREWORD

居'——月球"给小朋友们详细地分析了各种与月球有关的小知识，希望你读完此章，不再对月相照片和月食照片傻傻分不清楚。第四章"奇妙的太阳系之旅"则对太阳系进行较系统的介绍，漫游与拟人是本章的特色。第五章"不可不知的恒星之谜"针对小朋友们经常会问到的与恒星有关的问题进行了解释和回答，你会找到仰望星空、心怀宇宙的感受。

不要仅关注人类当前对宇宙的认识，而是要侧重介绍人类是如何一步步认识宇宙的。所以在这本书的第一章、第六章，你将会读到有关人类对宇宙中心、对星系的认识是如何变化的，并穿插了一些天文学家的故事，近距离感受他们的鲜明个性和魅力。需要指出的是，人类探索宇宙的过程远比书中记录的更加曲折和有趣，涉及的天文学家们也远不止书中所提及的这些。因此，我们向被忽略或遗漏的诸多同行致歉，我们知晓也认可你们的贡献。

我邀请了两位志同道合的天文好友共同创作，毕业于中国科学院上海天文台的天体物理博士冯帅撰写了本书的第五章，上海天文馆（上海科技馆分馆）建设指挥部展示教育主管施韡撰写了本书第三章的最后一节，来自中国科学院上海天文台的邵正义研究员、沈世银研究员等对本书内容提出了建设性意见，来自上海天文台的研究生熊翊飞对配图进行了细致的校对，广东人民出版社的编辑等对本书进行了高质量的编辑。在此，请允许我对所有为此书做出贡献的朋友表示感谢。

我们力求本书能创作得深入浅出、重点突出、生动有趣，适合孩子们阅读。现在就请跟随本书，开始这段天文之旅吧！

由于水平有限，书中难免存在疏漏，希望广大读者不吝赐教。如有任何建议、意见或者疑问，请及时联系作者，以期在后续版本中改进和完善。

目 录 CONTENTS

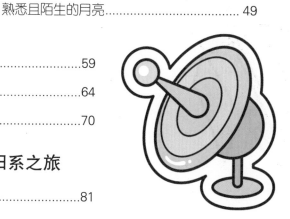

CONTENTS

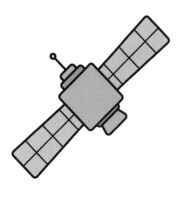

第五章　不可不知的恒星之谜

第六章　遨游星系世界

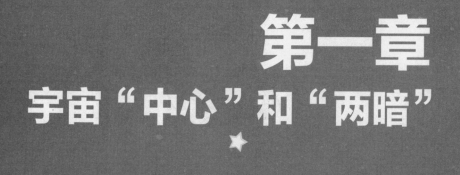

第一章
宇宙"中心"和"两暗"

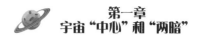

宇宙中心的 *秘密*

　　夏夜抬头仰望星空，总是会想起小时候唱的那首歌谣："一闪一闪亮晶晶，满天都是小星星……"可是在理想情况下，我们能用肉眼看到的星星究竟有多少颗呢？答案是6000多颗！其实在这6000多颗星星中，除了五大行星（水星、金星、火星、木星、土星），其他基本都是恒星。当身处北半球的我们在地面上仰望星空时，只有约一半的星星位于地平线以上，而另一半在地平线之下，所以只能看到约3000颗星星。

　　每当人类仰望星空，便会产生无数奇思妙想

然而我们看到的这些星星，并不是宇宙的全部，甚至可以说是宇宙的极小一部分。宇宙是所有星星的家，也是我们的家。宇宙究竟有多大呢？宇宙从哪里来的呢？宇宙的中心在哪里呢？下面就让我们一起探索神秘的宇宙吧！

盖天说和浑天说

宇，指四方上下；宙，指古往今来。这样看来，宇宙就是古今万物的总称。我们的祖先曾经对星空进行过观察和思索。

中国古人以为，天空就像一个碗倒扣在方形的大地上，这就是"盖天说"。后来出现了"浑天说"，认为天不是半球形，而是一个大圆球，地球在圆球中心，就像鸡蛋黄在鸡蛋内部一样。不论是碗，还是鸡蛋，这些都反映了中国古人起初是如何认识宇宙的。

宇宙中心在哪里？

在古代，很多人都认为地球是宇宙的中心。公元150年，克劳迪斯·托勒密发表了著名的《天文学大成》，综合汇集了当时已知的所有天文学知识，在随后的1500年里，《天文学大成》都被作为天文学教材。托勒密的"地心说"模型逐步发展完善，为了解释某些行星的逆行现象，他提出了"本轮"的理论，也就是说，这些行星在一个被称作"本轮"的圆形轨道上匀速转动，"本轮"的中心在所谓"均轮"的大圆轨道上围绕地球附近的一点匀速转动，但地球不在均轮的圆心处。

"地心说"能初步地解释地球上的人们所看到的现象，比如恒星的东升西落、四季现象等。在16世纪"日心说"创立之前的1300年中，"地心说"一直在有关宇宙中心的理论中占据统治地位。

1543年，波兰天文学家哥白尼发表《天体运行论》，提出宇宙中心在太阳附近，所有天体都围绕太阳做圆周运动。他指出，在空中看到的任何运动，都是地球运动引起的。哥白尼对于地球运动的描述，与目前所知的地球运动基本相符。

"日心说"取代"地心说"的过程，当然不是一帆风顺、自然而然的，而是充满荆棘、障碍重重。在《天体运行论》出版后的半个多世纪里，"日心说"的支持者很少。直到1609年伽利略首次将天文望远镜指向星空，发现了诸如木星的四颗卫星、金星的盈亏等支持"日心说"的证据后，"日心说"才开始引起人们的关注。到了中世纪后期，随着观测仪器的不断改进，行星的位置和运动测量更加精确，观测到的数据与"地心说"之间的偏差逐渐显露出来。然而，由于哥白尼的"日心说"和托勒密的"地心说"都不能很好地与另一位天文学家第谷的观测相吻合，"日心说"并没有体现出优势。直到开普勒以椭圆轨道取代圆形轨道，修正了"日心说"之后，"日心说"才在与"地心说"的"竞争"中取胜。

虽然"地心说"被推翻了，但"地心说"的历史功绩不容小觑。"地心说"承认地球是"圆形"的，首次提出了"运行轨道"的概念，通过数学模型较精确地计算出了行星的运行轨迹。

其实，哥白尼并不是第一个认为地球不是宇宙中心的人。早在公元前3世纪，被恩格斯称作"希腊的哥白尼"的阿里斯塔克斯就提出了"日心说"，他认为太阳是宇宙的中心。但是，这种观点与人们的日常观察和经验相差太大，将地球作为宇宙的中心似乎更加简单、合理。所以在很长的一段时间里，"地心说"拥有毋庸置疑的绝对地位。哥白尼将阿里斯塔克斯的理论发展和完善，开普勒又在此基础上修正，"日心说"才推翻了"地心说"。

伟大的天文学家哥白尼提出"日心说"，让人类的想象力飞出地球

宇宙在膨胀

随着科学技术的发展和人类认识水平的提高，科学家们渐渐发现太阳也不是宇宙的中心。1918年，美国天文学家沙普利认为整个银河系就是宇宙，但太阳不是银河系的中心。

银河系究竟是不是宇宙呢？面对这一个新问题，科学家们在1920年4月26日举行了一场关于宇宙的大辩论。美国天文学家柯蒂斯持反对意见，他认为银河系只是宇宙中的一个星系，还有其他星系存在。这一观点得到了天文学家哈勃的认同，后来他发现了一个比银河系还要大的星系——仙女座星系M31。原来，宇宙中还有几千亿个星系，银河系实在是太"渺小"了。

哈勃通过研究还发现，星系会远离我们，而且距离越远的星系，离我们远去的速度就越快。因为整个宇宙空间在膨胀，不断远离的两个星系，就像是一个不断被吹大的气球表面上的两个点。

天文学家耶利米·奥斯特里克和西蒙·米顿在他们所著的《黑暗之心》中写道："宇宙学是一个不断拓展的故事——不仅是宇宙自身在膨胀，人类的眼界和思想也在一同拓展。"在人类认知宇宙的过程中，绝不是一个人在贡献，而是一代代科学家们不断发现问题、汲取前辈所长、有所创新的结果。

"宇宙大爆炸"

在很久以前，宇宙可比现在小得多，星系之间也靠得很近，遥想那时的宇宙应该很热闹吧。有科学家认为，大约在140亿年前，宇宙发生过一次大爆炸。整个宇宙充满炽热的辐射，就像一锅由中子、质子、电子、光子、中微子等粒子组成的"热汤"。

大爆炸之后，宇宙不断膨胀，温度和密度也不断降低。

M31 星系是比银河系还要大的星系

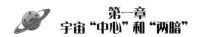

当温度降至一定程度时，逐步形成由氢、氦、锂等基本元素构成的原子核；气体逐渐凝聚成星云，星云进一步形成各种各样的恒星和星系，最终形成了如今我们看到的宇宙。

1949年3月28日，英国天体物理学家弗雷德·霍伊尔接受BBC广播采访时，介绍他对宇宙起源的看法。他认为根本没有"宇宙起源"一说，宇宙没有一个确切的起点，宇宙的过去、现在和将来基本上是同一个状态，也就是恒定的状态。他认为，如果宇宙中的所有物质和能量都起源于一个确切的起点，那么宇宙不就源于一次大爆炸吗？后来，"宇宙大爆炸"的说法就流传开来。

"宇宙大爆炸"究竟是不是真的呢？最初"宇宙大爆炸"只是天文学家们提出的一个科学理论，未能被检验和证实。20世纪50年代后，天文学家们利用宇宙大爆炸模型预言的多个现象与观测到的结果非常相符，基本证实了宇宙大爆炸模型的科学性。

针对"宇宙大爆炸"是不是完全正确这一问题，天文学家们还在寻找新的证据。如果有新的观测证据与理论预言不一致，那么就需要改变和完善理论模型，但已有的理论模型不太可能被全部推翻，这是科学发展的规律。因为，科学是一个不断发展和完善的过程。新的科学理论或者学说通常是在补充、修正甚至推翻原有理论或学说的基础上形成的。

看不见的神秘物质

1933年，加州理工大学的天文学家弗里茨·兹维基在研究星系团时发现了一个奇怪的现象：星系团中的星系运动速度很快，通常为每秒1000千米，然而星系并没有分散开，这意味着有某种力量让星系"团结"在一起。兹维基认为星系团中应该有很多我们看不到的不发光物质，便将其命名为"暗物质"。

后来，多个研究团组对盘星系（银河系）的研究显示，

远远望去，银河犹如一条缓缓流淌在空中的河流

除了最靠近星系核心的天体，星系发光部分的边缘和内部的天体围绕中心绕转的速度竟然很相近。唯一可能的解释是，在星系发光部分的外围，有暗物质提供引力。

不仅星系中存在暗物质，星系团中的各星系之间也存在很多暗物质。天文学家们发现，星系像被笼罩在热气体薄雾中，如果没有暗物质，这些热气体就无法被束缚在星系周围，早就被甩出星系群或星系团了。

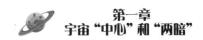

厉害的探测器

虽然我们看不到暗物质，但是科学家们却"各显神通"。2017年11月30日，《自然》杂志在线发表了我国暗物质粒子探测卫星"悟空号"的首批成果——利用"悟空号"采集到的数据，科研人员获得了目前国际上精度最高的高能电子宇宙射线能谱。所谓能谱，可以理解为在不同能量范围内有多少粒子。"悟空号"率先观测到的某些新粒子，或许就是人们长期以来苦苦搜寻的暗物质粒子。

虽然这只是初步证据，统计显著性还不够，还需要在相应能量范围内收集到更多的数据，但是"悟空号"已经迈出了巨大的一步。那么，"悟空号"究竟有多厉害呢？

首先，相较于其他空间探测器，"悟空号"的宇宙射线能量探测范围更广，这相当于打开了一个人类观测宇宙的新窗口。

其次，"悟空号"看得清、测得准。看得清，就是不仅要能看得清，还能区分探测到的粒子；测得准，指粒子的电荷、能量、入射方向等参量能被测准。这说起来简单，但实现起来很难。

最后，"悟空号"探测到的对象包括γ射线和宇宙射线电子。宇宙中的粒子情况很复杂，每一种粒子的流量都不同，比如高能宇宙射线中的主要成分是质子，它的流量比电子高1000倍，比γ射线高100万倍，所以要观测γ射线，就得让质子本底（即混入γ射线光子队伍中的质子）降低2000万倍。这是什么概念呢？这相当于你要在一个2000万人口的大城市中找到20个人，而且不能弄错。虽然很困难，但"悟空号"做到了。

暗能量真的存在吗？

"暗能量"的概念最早由爱因斯坦提出，接着又被爱因斯坦放弃，在被遗忘了几十年之后，它再次成为宇宙学家们的"宠儿"，应用于宇宙模型中。天文学家们普遍相信，暗能量是宇宙中至关重要的成分，在地球上没有对应体；暗能量表现为一种使宇宙空间向外加速膨胀的斥力。

1915年，爱因斯坦提出"广义相对论"，遗憾的是，他没有找到自己提出的场方程的解。于是，爱因斯坦跟德国天体物理学家卡尔·史瓦西通信，请他帮忙求解。在俄国参战的史瓦西利用空闲时间，找到了爱因斯坦的场方程的解。不幸的是，史瓦西在战争前线感染了天疱疮，于1916年5月去世。

爱因斯坦不得不向他在荷兰的朋友——威廉·德西特和保罗·埃伦费斯特求助，寻找广义相对论的宇宙学意义。1916年7月，威廉·德西特发现了爱因斯坦的场方程的第一个宇宙学解，即在他的宇宙模型中没有物质，也没有辐射，这是一个空宇宙模型。

当时，很多科学家认为银河系就是整个宇宙，宇宙是静态的，个别恒星会出生或死亡，如同森林中的一些树木会成长、枯萎，但森林整体外观几乎不变。可是，一旦考虑了物

爱因斯坦是"广义
相对论"的提出者

质的存在，广义相对论方程最简单的形式就无法给出静态宇宙的描述。

为了得到一个静态的宇宙，爱因斯坦在他的场方程中引入了一个极微小的常数，目的是提供斥力，与引力相抗衡，爱因斯坦称之为"宇宙学常数"，并用希腊字母 λ 命名。1917年，爱因斯坦发表了一个静态的、球对称的宇宙学模型，成功地构建了一个大尺度上不会膨胀、不会收缩的宇宙。可是，爱因斯坦对引入宇宙学常数得出的解不满意。

1917年3月，德西特又找到了爱因斯坦的场方程的其他宇宙学解，证明广义相对论允许多种宇宙模型的存在。当德西特把宇宙学常数引入之后，发现宇宙在膨胀。

"一战"之后，欧洲学者对广义相对论的兴趣有增无减。20世纪20年代，科学家们主要思考两个宇宙模型：德西特最早提出的"空宇宙"以及爱因斯坦提出的有物质的静态宇宙。但这两个模型是高度理想化的，都没有与观测结果做过比较。

1915年1月，美国天文学家斯莱弗发表的一篇文章显示，旋涡星云似乎正以不小的速度远离我们。经过积累长达10年的观测数据，该观点逐渐成为主流。

1923年，美国天文学家哈勃和他的观测助手赫马森辨认出仙女座星系M31中的造父变星，推算出它到地球的距离，并确认M31是河外星系。6年后，哈勃根据24个河外星系与地球的距离和它们远离地球的速度，发现了"哈勃定律"（后改名为"哈勃–勒梅特定律"），即越遥远的星系以越快

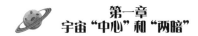

的速度远离地球。这支持了宇宙不是静态的，而是向外膨胀的论点。爱因斯坦得知宇宙膨胀的观测证据后，最终放弃了宇宙学常数。

大约过了70年，到20世纪90年代中期，为了用计算机模拟出近乎平坦的观测宇宙，需要将当前宇宙的物质组成如此配置：4%的重子物质、26%的冷暗物质和70%的其他物质。于是，科学家又重新拾起宇宙学常数来表示70%的其他物质，并证明了宇宙在不断膨胀。除了宇宙学常数这一模型外，还有一种暗能量的模型，将暗能量视为一种被称作"第五元素"的标量场。与宇宙学常数模型不同的是，该模型认为暗能量具有一定程度的不均匀性。

近年来，科学家对宇宙的大尺度结构的研究也得出了类似的结果，表明宇宙在大约70亿年前开始加速膨胀。威尔金森微波各向异性探测器（WMAP）卫星耗时7年，得出宇宙中72.8%为暗能量，22.7%为暗物质，4.5%为普通物质的结论。2013年，普朗克卫星也给出结果，宇宙中68.3%是暗能量，26.8%为暗物质，4.9%为普通物质。

至此，暗能量的存在基本尘埃落定。它仍然是奇怪的存在，但我们不得不接受它。暗能量的本质是什么？能否探测到暗能量？这些都是摆在科学家们眼前的难题。要解决这些难题不仅需要理论学家们的奇思妙想，还要与观测结果进行对比。相信随着大型仪器的运行，我们会越来越多地了解宇宙，揭开暗物质、暗能量的面纱。

一直仰望星空

1990年2月14日，在距离地球64亿千米之外的地方，探测器"旅行者1号"转过身，拍下了一张太阳系"全家福"。在这张图片的右下角，有一个渺小如尘埃的圆点，那就是我们的地球。

美国著名天文学家卡尔·萨根在《暗淡蓝点》一书中写道："再看看这个点吧。它就在那里。那就是我们的家，我们的一切。"在这个小点上的人类，凭借好奇和智慧，对所处宇宙的认知有了一次又一次的飞跃。从天圆地方、地心说、日心说、太阳并非宇宙的中心、银河系并非宇宙的全部、银河系只是几千个星系中的普通一员、宇宙在膨胀到宇宙在加速膨胀，这是人类对宇宙认知的变迁。我们已经构建了定量的宇宙模型，通过了众多检验，取得了一连串成果，成功解释了微波背景辐射、宇宙加速膨胀、宇宙中大尺度结构的起源和演化等问题。

但是，天文学家们发现普通重子物质不到宇宙成分的5%，宇宙的主要成分是暗物质和暗能量，对于它们的本质，人类知之甚少。那些成长为如今所见的宇宙结构的种子扰动从何而来，仍然是个未解之谜。

有天文学家认为，再过50亿年，太阳会进入生命的晚期，膨胀成一颗红巨星。虽然有科普文章曾写道："等太阳成为红巨星时，地球也将被膨胀的太阳所包裹。"但是他们忽略了一个事实，即太阳的质量会随着年龄的增加而损失，特别是在膨胀阶段，会以星风方式损失质量。

既然地球不会被膨胀后的太阳所包裹，是不是意味着生活在地球上的我们就安全了呢？情况恐怕没有那么简单，要知道牵一发而动全身。水星、金星若被太阳包裹，地球将成为离红巨星最近的一颗行星，地球所处环境的温度、接受的高能辐射、宇宙射线、地球自身情况等，都可能会对地球上的生命产生影响。

相比太阳演化给地球上的生命带来的潜在威胁，人类活动本身对地球的影响更应该引起我们的高度关注。据保守估计，到21世纪末，人为的温室效应会使地球的平均气温升高至少5摄氏度。太阳在演化过程中，温度在不断升高，进而会对地球的表面温度产生影响，但如果仅考虑太阳温度升高，使地球的平均气温升高5摄氏度需要近8亿年的时间。然而，人类活动将这一进程加快了千万倍。因此，我们既要仰望星空，寻找第二个地球，更要珍惜我们现在的家园——地球。

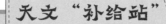

天文"补给站"

1. γ 射线：波长在 0.01 纳米以下的电磁波，携带高能量，穿透力强。医疗上 γ 射线被用于对特定肿瘤（多为头部肿瘤）患者的治疗。

2. 宇宙射线：来自外太空的带电高能粒子，大约 99% 的宇宙线粒子由质子、原子核等组成，另外 1% 的绝大部分是电子，γ 射线和超高能中微子也占极小的部分。

3. 广义相对论：1915 年，爱因斯坦提出广义相对论，描述了时空弯曲如何受物质质量影响，物质的运动如何受时空弯曲影响。它革新了人类对时空本质的经验认识。

4. 球对称：空间内一个几何体绕某一点朝任意方向旋转任意角度后所得的新几何体，与原来任意一个几何体完全相同，则这个几何体关于该点球对称。

5. 造父变星：一种非常明亮的变星，光度呈周期性的变化，称作光变；它的光度与光变周期有着非常强的关联性，因此可以用作测量距离的标准烛光，即通过其光变周期推算它的发光本领，再结合观测到的亮度，推算其到我们的距离。

6. 普朗克卫星：欧洲空间局运营的空间天文台，以高灵敏度和高分辨率绘制了在微波和红外波段下的宇宙微波背景辐射。

7. 种子扰动：原初物质密度扰动，指宇宙大爆炸之后仅几十万年时，宇宙中重子物质的分布相当均匀，密度的扰动幅度只有十万分之一。这相当于，在 1000 米深的湖面上，只有 1 厘米高的涟漪。

8. 星风：从恒星表面发出的物质流，是恒星质量流失的一种途径；星风在所有恒星中普遍存在。

第二章
天文学家的"工具"

光的秘密

观天是件小事，小到我们只要45度仰望天空，就能实现；观天也是件大事，大到我们建设各种各样的天文望远镜，只为把宇宙看得更清楚。我们用天文望远镜接收并分析宇宙中的光。光，是我们认识宇宙的重要密码，被巧妙地解读之后，能告诉我们很多信息，近则有月球、太阳、太阳系内的天体，远至百亿光年之外的星系、黑洞等。

光是什么呢？光既是一种电磁波，又具有粒子性。宇宙中每时每刻都在发射电磁波，它们就像宇宙的密码，我们一旦解开，就能洞察宇宙的奥秘。不过这些波段的光都能到达地面吗？紫外线、高能的X射线和γ射线会对我们的身体产生危害，它们达到地面岂不是很危险？其实，地球的大气层吸收掉了大部分高能辐射，真正抵达地面的光并不多。

我们肉眼所能看见的光被称作可见光，可见光波长越短，颜色越蓝；波长越长，颜色越红。比红色可见光波长更长的是红外光，比红外光波长更长的是微波和射电波。比可见光波长更短的是紫外线、X射线和γ射线。

平日里，我们对可见光的这些"邻居"并不陌生。我们的身体就能发射出红外光，体温越高，辐射出的红外光波长

天文望远镜使人类看到宇宙更多的面貌

越短；微波炉应用的便是微波；收音机和电视机的信号便是射电波；我们平常说注意防晒，防的主要是紫外线，验钞机使用的也是紫外线；医院里做的X射线照片检查便是应用了X射线。

不过，我们想要看到宇宙中的光，解读其中的信息，还需要借助天文望远镜当作我们额外的眼睛，来接收并分析宇宙中的光。天文望远镜，就是名副其实的"驯"光者。

强大的"驯"光者

伽利略是公认的首位将天文望远镜指向天空的科学家，

也是利用天文望远镜观察天体并取得大量成果的第一人。他发现月球表面是崎岖不平的，并绘制了第一幅月面图。他还发现了太阳黑子，并且根据黑子在日面上的转动得出太阳的自转周期。伽利略使用的天文望远镜是光学望远镜。后来，借助更先进的、适用于更多波段的天文望远镜，天文学家们获得了更丰富的关于月球的信息，绘制出了更清晰的月球图像。

可见光仅仅是光的一小部分，但人类曾经以为可见光就是光的全部。除了可见光，还有一大片广阔的光世界等着人

伽利略是公认的首位将天文望远镜指向天空的科学家

们去探索。地球大气层的保护使我们在地面上仅能接收到可见光和射电波，还有一小部分紫外线和红外线。随着科学技术的进步，人类一方面知道了很多事物，另一方面却意识到自己不知道的事物更多。我们对宇宙的认知就好像一个圈，随着圈越来越大，圈里知道的内容越来越多，而圈与未知接触的面也越来越广。

为了探测到射电波，天文学家们在地面上建设射电望远镜接收射电波。为了探测到红外线，天文学家们除了在地面上接收一部分近红外波段的光，还借助飞机携带的探测器在高空中接收红外辐射，更主要的做法是利用飞出大气层的望远镜去探测红外波段的光。为了探测到高能辐射（ γ 射线、X射线、紫外线和红外光），天文学家们利用飞出大气层的空间望远镜进行探测。

目前，我国建设了多架射电望远镜。1987年，中国科学院上海天文台建成了中国第一架单口径、全方位可转动的大型厘米波射电望远镜，口径为25米。2012年10月28日，天马望远镜（65米射电望远镜）——亚洲最大的单口径、全方位可转动射电望远镜在上海正式落成。在云南和贵州，坐落着世界最大的单口径射电望远镜，即500米口径的球面射电望远镜。这些望远镜既可以独立使用，还可以与国际上其他射电望远镜组成网络，实现一架超大型望远镜的观测效果。目前，由北京站的50米射电望远镜、上海站的天马望远镜、昆明站的40米射电望远镜和乌鲁木齐站的26米射电望远镜，以

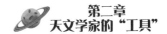

及位于上海天文台的VLBI数据处理中心（VLBI中心）组成了VLBI测轨分系统，其分辨率相当于口径3000多千米的巨大望远镜。

天马望远镜（65米射电望远镜）（图片来源：上海天文台）

在X射线及高能天文探测领域，我国也有新进展。2015年12月17日，"悟空号"暗物质粒子探测卫星成功发射，主要科学目标是以更高的能量和更好的分辨率来测量宇宙射线中正负电子之比，以找出可能的暗物质信号。2017年6月15日，我国第一个空间天文卫星——"慧眼"硬X射线调制望远镜发射成功并开展科学观测；我国的爱因斯坦探针卫星项目也将在X射线波段的观测上大放异彩。相信在未来，我国会在多波段天文观测领域有更多的新进展。

升级版的"眼睛"

在没有望远镜之前，人们借助浑仪、简仪等仪器观测天体，用肉眼观看，用纸笔记录。那时，人们更关注日月星辰的运行规律。1609年，伽利略将自制的天文望远镜指向天空，开启了人类收集和识别光的新阶段。以天文望远镜为眼，我们的"瞳孔"变得更大，分辨本领更高，就好像视力变得更好了。于是，我们能看到更暗的天体，分辨出更多的细节。

天文望远镜与人眼有一个相同点：都能接收光。光经过眼睛中的晶状体折射后，在视网膜上成像，视网膜上的感光细胞一接触到光，就会发出电信号，电信号通过视觉神经被传递给大脑，大脑立即分析，完成看见物体这个过程。基本的光学望远镜系统也是这样工作的，如果天文望远镜的终端是目镜，我们透过目镜去看物体，就相当于光经过一套光学镜片组成的系统，折射进入我们的眼睛，被我们看见。这种方式很直接，透过望远镜就能看到天体。

但这不是天文学家们进行天文观测时用到的方法。在他们经常使用的天文望远镜里，光经过一套光学镜片组成的系统后，不是抵达目镜或人眼，而是抵达有着众多感光单元的电荷耦合器件（简称CCD）或底片。CCD或底片会将光信号转化为电信号，记录下来，经过电脑处理就能呈现天体图片。后续经过处理分析，就能得知天体的真实信息。这样一对比，是不是发现晶状体就像光学系统，视网膜就像CCD或底片（现多使用CCD），大脑就像电脑呢？不过相比于人眼，由于天文望远镜是仪器设备，所以在设计制造时有很大的改动空间，这就造成了它们之间有很大的不同。

"见招拆招"的高科技

当初伽利略制造的第一台天文望远镜，口径只有4.4厘米，是一台折射式望远镜，可以理解成由近视眼镜镜片（凸透镜）和老花镜镜片（凹透镜）组成的一套光学系统。之后，天文学家们用曲面镜取代了透镜，反射式望远镜成为天文观测的主流设备。这是因为，反射式望远镜使用的大型曲面镜的磨制难度和成本比同等口径的折射式望远镜使用的透镜低；反射式望远镜能解决折射式望远镜遇到的色差等问题。

即使是曲面镜，大到一定程度时，磨制成本也会增加，而且使用过程中由于重力、温度等原因会发生形变，影响使用，怎么办呢？或者遇到造成星光闪烁的大气湍流，天体发出的光的波前被扭曲，获得的天体图像数据质量差，致使望远镜有实力却发挥不出来，又怎么办呢？这些问题随着技术的发展，也都迎刃而解。

既然曲面镜磨不了太大的，为什么不批量生产一堆小的，然后把它们拼接在一起，组成一个大镜面呢？于是，多镜面拼接技术闪亮登场。接着使用主动光学技术，即在每个镜面后面装上驱动器，驱动器在计算机的精细操控下，构造出适宜的曲面结构，一块完整的大的曲面镜便诞生了。中国自主创新研制的郭守敬望远镜就采用了多镜面拼接和主动光学技术，主镜由37块边长为1.1米的六角形子镜拼接而成，反射施密特改正镜由24块边长为1.1米的六角形子镜拼接而成。

面对"一闪一闪亮晶晶"的恒星，天文学家们想出了两招，一招叫作自适应光学，用于修正大气湍流等因素对光波波前的扭曲；另一招叫作飞出大气层，即打造空间望远镜，哈勃望远镜就是其中的典型。

自适应光学的一种常见做法是在望远镜焦面后方安装一块小型的可变形镜面。首先通过观察真实恒星或激光引导星的星光抖动情况来检测光波波前的扭曲情况，再通过镜面背后的多个触动器驱动可变形镜面发生变形，对波前扭曲进行矫正。目前口径8米左右的地面大型光学天文望远镜多数安装了尺寸为8到20厘米的可变形镜片，并在背后安装了数百到数千个驱动器，在约千分之一秒的时间内可以完成镜面变形调节。

目前，我国的光学望远镜领域还在快速发展中。郭守敬望远镜是目前国内最大的光学望远镜，主镜的有效口径达4米，而口径最大的单口径光学望远镜是位于云南省高美谷山上的2.4米望远镜，除此之外，还有位于河北省兴隆县的2.16

米望远镜、位于上海市松江区的1.56米望远镜、位于江苏省盱眙县的1.05米望远镜等。

与国际上的大型光学望远镜相比，我国目前的光学望远镜实力还较弱。但我们在努力，一方面正在参与国际项目，实现贡献力量和学习经验并重；另一方面在积极开展自主创新研究，邀请国际同行参与合作。其中一个振奋人心的消息是，我国准备建设一架口径为12米的大型光学红外望远镜。

图中展示的是郭守敬望远镜的大小为 5.7 米 ×4.4 米的反射施密特改正镜，由 24 块对角径为 1.1 米的六角形主动非球面镜拼接而成（图片来源：中国科学院国家天文台）

引力波的"前世今生"

2015年9月14日协调世界时09:50:45，激光干涉引力波天文台（LIGO）的两个引力波探测器几乎同时探测到一个短暂的引力波信号。根据探测到的信号，科学家表示发出该引力波的源是13亿光年（光度距离）之外的两个黑洞的碰撞并合。这是人类第一次直接探测到引力波，也是人类第一次探测到双黑洞的并合，这是对爱因斯坦广义相对论的又一次伟大见证。从此，除电磁波之外，人类认知宇宙的途径又多了引力波这扇窗。

引力波是广义相对论的一个理论预言：1916年，爱因斯坦猜想，既然物质的质量会造成时空弯曲，如果该物体继续加速运动呢？更确切地来说，在非球对称的物质分布情况下，当物质运动或物质体系的质量分布发生变化时，时空会怎样呢？时空弯曲的程度会发生变化，表现为以光速向外传播的时空涟漪。

天文学家基普·索恩在《星际穿越中的天文学》一书中用拉伸线（下图中的红线）和挤压线（下图中的蓝线）来表示空间受到的影响，如果一个人躺在拉伸线上，将感觉到身体被拉伸，而躺在挤压线上，将感觉身体受到挤压。如果双黑

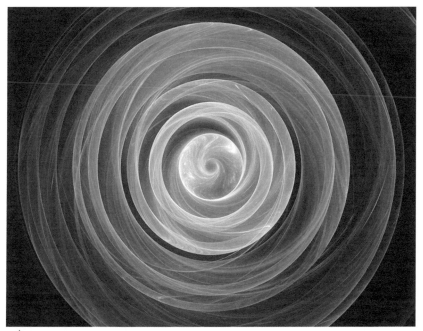

引力波像一个深不见底的漩涡

洞相互绕转，它们将拖拽着周围的拉伸线和挤压线转动，形成一个由拉伸线和挤压线组成的网络，这个网络将随着时间而扩张，就形成了引力波。引力波相当于弯曲时空的传播。

试想，地球为什么围着太阳转呢？牛顿提出的力学认为，太阳与地球之间存在万有引力，万有引力使得地球绕着太阳旋转。爱因斯坦提出的广义相对论认为，太阳的质量使得其周围的空间发生弯曲，而地球围着它转动是地球最直接的运动路径。如果有来自超体的生物将太阳突然拿去，牛顿力学认为，万有引力会消失，地球将被甩出去；而广义相对论认为，地球不会立即被甩出去，因为太阳被拿走后，空间弯曲的程度发生变化，这种变化将会以速度为光速的引力波方式，约8分钟才会影响地球所处的位置。

　　那时，不少科学家不相信引力波的存在，认为只是理论上的预言。一方面，当时全世界的科学家都还不知道宇宙的强引力波源——黑洞和中子星，唯一知道的最有可能的引力波源是一对相互绕转的恒星，但是计算显示它们的信号太弱无法被探测；另一方面，那时候的技术也达不到探测引力波的要求。

探测引力波的先驱

　　直到20世纪50年代，理论学家们的理论预言了中子星和

牛顿拥有非凡的学识，是大家公认的百科全书式的"全才"

黑洞的存在，不少人认识到引力波应该是存在的。说到这里，不得不提第一个"吃螃蟹"的人——约瑟夫·韦伯，他是第一个认识到探测引力波并不是没有可能的科学家。

韦伯在第二次世界大战期间是一位海军上校，1948年他进入马里兰大学成为工程学教授，并攻读博士学位，在此期间提出了相干微波发射的想法，于1952年作了第一个有关激光和微波激射原理的公众报告。

他对广义相对论很有兴趣，于是他充分利用了1955—1956年期间的休假时间，向美国著名物理学家约翰·惠勒（"黑洞"和"虫洞"的命名者，LIGO的创立者之一——基普·索恩是他的学生）学习引力辐射。要知道，引力波的存在在那时还并未被业界广泛接受。韦伯学习了之后，几乎马上认识到，探测引力波并不是毫无可能。有想法便有行动，他便第一个去尝试探测引力波。

20世纪60年代，他开始设计用共振棒探测器来探测引力波的方案。韦伯设计的共振棒探测器由两根长2米、直径1米的圆柱形铝棒组成。

韦伯认为，当引力波传来时，铝棒的两端会交错地被挤压和拉伸，当传来的引力波频率和铝棒的共振频率一致时，铝棒会发生共振，微弱的引力波信号将会被放大到可探测的水平，铝棒的变化足以通过安装在棒上的压电式传感器探测到。这些铝棒的共振频率是1660赫兹。基于这样的原理，韦伯期望通过探测铝棒的共振，来探测频率约1660赫兹的引力波。1969年，韦伯发表文章，宣称他的设备探测到了引力波，并推测引力波可能来源于银河系中心。但是其他的实验小组未能重复出韦伯发表的结果，对他得到的探测结果表示质疑。

同时期，有些物理学家认识到共振棒探测器的局限性，对于同一个探测器，相应的铝棒长度只对应了一种共振频率，原则上只能对应这一频率的引力波信号，无法探测其他频率的引力波。虽然韦伯的发现以及他的数据处理细节遭到其他科学家的质疑，但是，我们今天仍然铭记韦伯，感谢他当年的决心、坚持和努力，感谢他的工作吸引了更多的科学

韦伯和他设计的共振棒探测器（图片来源：马里兰大学图书馆的特别藏书和大学档案）

家进入引力波探测的队伍。基普·索恩曾评价韦伯是引力波领域的"创立之父"。

激光干涉方法

1972年，激光专家雷纳·韦斯在麻省理工学院的内部期刊上，发表了使用激光干涉方法探测引力波的方案，一开始并未引起同行的注意。当加州理工学院的基普·索恩读到这篇文章时，他认为这种方法是不可能探测到引力波的，并将他的怀疑写进了他与其他人合作编写的《引力》教材中。当1978年索恩重新思考这个想法时，他发现这个方法是可行的。于是，他说服并促成加州理工学院建设一个40米长的原型干涉仪，进行预研究。1979—1987年，该项目的主管是罗纳德·德雷弗，他也是LIGO项目的创立者之一。

1989年，LIGO项目组向美国国家科学基金会申请经费支持，于1992年终获批复。1995年LIGO正式开建，1999年启用。真正的LIGO观测工作始于2002年，结束于2010年。

理论上，LIGO可以看到的引力波现象包括：距离我们几十万光年之外的两颗中子星绕转靠近直至并合过程所发出的引力波，超新星爆炸或γ射线暴产生的爆发式引力波等。但历时9年LIGO并没有直接探测到引力波。

2015年9月18日，升级后的LIGO重新开机运行，灵敏度相比原来提高10倍多。升级后的LIGO有两个L型迈克尔逊激光干涉仪，分别在华盛顿的汉福德和路易斯安那的利文斯顿，两者相距3000多千米。

　　LIGO之所以由两个探测器组成，是因为单个探测器在单次观测时接收的信号来自一大片天区，而不是定向的某个位置。如果有两个以上的探测器，就可以根据接收到信号的时间差来帮助确定引力波源的位置。除此之外，多个探测器也可以帮助排除一些局域的干扰信号。

LIGO 的两个引力波探测器之一——位于汉福德的探测器（图片来源：LIGO）

通过上面的介绍，我们了解到在引力波探测领域有三位重要的人士：雷纳·韦斯，激光干涉探测引力波方法的提出者；基普·索恩，说服加州理工学院建立40米激光原型干涉仪的科学家；罗纳德·德雷弗，40米激光原型干涉仪的项目主管。他们三个人也是LIGO的创立者。2017年，诺贝尔物理学奖被颁发给了雷纳·韦斯、巴里·克拉克·巴里什和基普·索恩，为什么没有罗纳德·德雷弗呢？因为他于2017年3月7日因病去世。遗憾的是，当引力波被首次探测到的时候，智力已基本丧失的德雷弗已经无法知晓自己倾注一生心血的工作取得了重大突破。当然，巴里什获得诺贝尔物理学奖也当之无愧，他于1994年成为LIGO合作组的项目首席科学家，建立了LIGO科学合作组织。在他的领导下，LIGO的目标从几个研究小组所从事的小科学成功地转化为涉及众多成员并依赖大规模设备的大科学，使得引力波探测成为可能。

LIGO能探测到引力波，这一成果的贡献者远非他们4人，还有来自16个国家的上千人构成的研究团组。回想40多年前，虽然在理论上肯定了引力波的存在，但在观测上能否被探测到、概率高低、试验设备精度如何都还是未知数，有人愿意使出浑身解数说服、筹钱、参与和付出，这都是源于他们对未知的好奇和对科学的执着。希望有一天，你也能走上一条愿意为理想付出一生努力的道路。

了不起的 中微子

除了电磁波和引力波之外，还有一扇帮助我们窥见宇宙奥秘的"窗口"，那就是中微子。中微子不带电，质量极小，连电子质量的百万分之一都不到；它几乎不和其他粒子发生相互作用，只参与弱相互作用，可以在铅中穿行1光年而不和任何原子发生相互作用。也正是由于它的这一特性，中微子极难被探测到，关于它存在很多未解之谜。

可是，中微子又是宇宙中数量最多的物质粒子。每时每刻都有数以万亿计的中微子以光速穿过我们的身体。如果你把大拇指竖起来，每一秒就有600多亿个中微子从你的大拇指中穿过。如果你运气好，一生中穿过你身体的中微子，可能会有一个与你身体中的原子发生相互作用。这些中微子很多来自太阳内部的核反应。一个中微子在太阳核心产生后，只要约2秒就可以离开太阳表面，然后以近光速的速度飞行约8分钟后到达地球，接着又以接近光速的速度穿过地球。

中微子探测器

1941年，我国著名科学家王淦昌先生提出用一种创造性

实验方法去间接地探测中微子。试想，某轻原子核俘获了K层电子，产生另一种元素原子的激发态，并释放中微子；新原子的激发态又会放出光子而回到基态。虽然中微子本身难以直接观测，但是对上述过程的其他参量进行测量，就能确定是否存在中微子。

1956年，克莱德·柯温和弗雷德里克·莱茵斯用核反应堆作为中微子源，探测到中微子。因为这一贡献他们于1995年获得了诺贝尔物理学奖。

虽然没有办法直接探测到中微子，但可以通过它参与弱相互作用后的产物进行间接探测。中微子和原子核发生反应，会产生新的原子核和轻子（例如电子）；反应产生轻子的速度很快，在介质中传播会出现微弱的闪光，科学家通过探测闪光，就可以判断是否探测到中微子。

地球表面充斥着来自外太空的高能粒子——宇宙线，会产生类似中微子的信号。为了屏蔽这些宇宙线，降低噪声信号的干扰，大部分的中微子探测器都被安置在很深的地下。为了探测到小概率事件，中微子探测器要使用足够多的介质，为中微子与介质发生弱相互作用提供足够的机会。

1983年启用的日本超级神冈探测器位于地下1000米处，巨大的水箱内装满了5万吨纯水，填满这个大水箱需要14天，并配备了11200个光电倍增管。加拿大萨德伯里的中微子天文台位于地下2100米处的镍矿井中，其直径12米的球形容器中装了1000吨重水，安装了9600个光电倍增管。除了纯水和重水被作为探测介质，还有其他介质被用于中微子探测器。主注入器中微子振荡搜寻实验使用耦合了光电倍增管的固体闪烁探测器进行探测；位于南极的IceCube中微子观测站则使用了体积高达1立方千米、密布着光电倍增管的冰层作为探测介质；中国大亚湾中微子实验室在8个柱形探测器中各装了20吨液体闪烁体，周围配有上千个光电倍增管。

中微子振荡

从1960年起，科学家们根据理论计算出了太阳核反应中诞生的中微子数量。但中微子探测器仅探测到其中约三分之一的中微子，那三分之二的中微子去哪了呢？早在1957年，理论物理学家布鲁诺·庞蒂科夫就曾提出猜想，中微子有"三味"——电子中微子、μ中微子和τ中微子。这里的"味"指的是基础粒子的一种属性；任何一味的中微子都能转化成另一味，这被称作振荡。根据这一猜想，对于那些太阳核反应中不见了的中微子可以这样解释：太阳内核只生产电子中微子，它们在穿行到地球的过程中会振荡成μ中微子或τ中微子。如果某种中微子探测器只能探测到电子中微子，就会发现探测到的太阳中微子只有理论预测的三分之一，从而解释了那不见了的三分之二。

1962年，利昂·莱德曼、杰克·施泰因贝格尔和梅尔文·施瓦茨用质子加速器发现了第二种中微子——μ中微

子，用实验证明了不同"味"的中微子的存在。因为该发现，他们于1988年获得了诺贝尔物理学奖。

由美国科学家雷蒙德·戴维斯和日本科学家小柴昌俊领导的科学团组分别探测到了太阳中微子和超新星爆炸中微子，在探测宇宙中微子领域做出了重要贡献。他们两人于2002年荣获诺贝尔物理学奖。当年获得诺贝尔物理学奖的第三位科学家是在探测宇宙X射线源方面成就显著的美国科学家卡尔多·贾科尼。

由梶田隆章领导的科学团队利用超级神冈探测器的探测数据，发现了大气中的中微子会在两种"味"之间发生转换，即大气中微子振荡。同时，由阿瑟·B·麦克唐纳领导的科学团队也通过萨德伯里中微子天文台的实验发现：太阳发出的中微子在穿行过程中发生了中微子振荡，即太阳中微子振荡。为了表彰这两位科学家在发现中微子振荡方面所做出的贡献，2015年的诺贝尔物理学奖被颁发给了他们。

除了大气中微子振荡和太阳中微子振荡以外，还有第三种振荡——核反应堆中微子振荡。2012年3月8日，大亚湾中微子实验国际合作组宣布，发现了核反应堆中微子振荡模式。

中微子振荡现象表明中微子是存在质量的，否则没有办法"变味"。中微子振荡一方面证实了标准粒子模型的预言之一——中微子存在三种"味"；另一方面对标准粒子模型提出了改进要求，因为标准粒子模型无法解释中微子粒子为何有质量。

中微子的作用

太阳和恒星会发光，是因为核心产生核聚变。以太阳为例，每次氢聚变成氦的效果是：4个氢原子聚合成1个氦原子，同时产生2个正电子和2个中微子。如果没有中微子，这个核反应就遇到麻烦了。也就是说，正是有了中微子的参与，恒星内部才可以维持核反应，才能释放光和热。如果没有中微子，就不会有太阳，也就没有地球上的我们。同样，也是因为有中微子的参与，大质量恒星才能在告别宇宙时的

大亚湾探测器之一（图片来源：中国科学院高能物理研究所）

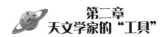

那场超新星爆炸中，合成比铁更重的元素，并把它们抛向宇宙。

按照宇宙大爆炸理论，宇宙诞生之初，物质和反物质应该一样多，这就意味正反物质在湮灭之后全都成为光子，也就没有了后来的星系团、星系和恒星，更不用谈我们人类了。宇宙之所以是现在的样子，恰好说明在宇宙诞生之初，物质和反物质并非完全一样多，物质比反物质多出了一点点。虽然还不清楚背后的原因，但中微子极有可能在物质和反物质的不对称性问题中起了重要作用。

虽然中微子的质量很小，但它确实有质量，目前的标准粒子模型还无法解释它，因此要建立新的粒子理论。

中微子研究体现了人类探索大自然奥秘的卓越成就。有关中微子探究的工作曾获四次诺贝尔物理学奖。从中微子、中微子三味、中微子振荡的理论预言到实验验证，一路走来，众多国际科学团组的努力付出，让我们对中微子这种看不见、摸不着的粒子从陌生到慢慢知晓。而中微子本身也成为一扇帮助人类认知宇宙天体的"窗口"，为我们研究大统一理论、质量的起源、正物质和反物质的对称破缺、超新星和暗物质等提供很多线索。

天文"补给站"

1. 电磁波：同相震荡且互相垂直的电场与磁场，在空间中传播能量和动量，其传播方向垂直于电场和磁场的振动方向。电磁波不需要介质进行传播，其在真空中的传播速度为光速。电磁波可按频率分类，从低频到高频，主要包括无线电波、微波、红外线、可见光、紫外线、X射线和 γ 射线；人眼可见的电磁波在可见光波段。

2. 粒子性：光与带电粒子相互作用时表现出的能量、动量的非连续性被称为粒子性。

3. 红外光：其波长在 700 纳米至 1 毫米之间，比可见光的波长更长，肉眼无法看到。

4. 微波：其波长在 1 毫米至 1 米之间，比红外光的波长更长。

5. 射电波：其波长在 1 毫米（频率 300 千兆赫兹）至 10000 千米（频率 30 赫兹）之间。

6. 多波段天文观测：观测天体在不同波段的辐射，综合多个波段的信息开展天体物理研究。

7. 电信号：随时间变化的电压或电流，在数学上可以将它表示为时间的函数，并可以画出其波形。非电的物理量可以通过传感器被较容易地转换成电信号，而电信号易于传送和控制，有广泛的应用。

8. 色差：不同波长的光线穿过凸透镜时，由于折射率不一致，难以聚焦到同一个焦点上，使得目标的成像周围有各种颜色的光晕影响。

9. 波前：光是电磁波，波经过相同时间所到达的各点连接的面就被称作波振面，最前方的曲面就天文"补给站"

被称为波前。

10. 施密特改正镜：用来修正反射望远镜的球面镜所产生的球面像差的透镜。它被安装在望远镜前端、光线进来的路径上。

11. 激光引导星：在由地面发射的一束激光的激发下，大气中间层的钠原子或低层大气的微粒所形成的狭小光斑。如果要使用激光引导星，必须安装激光发射器。

12. 协调世界时：又称世界统一时间、世界标准时间、国际协调时间，英文名称为 Coordinated Universal Time，简称 UTC。它以原子时秒长为基础，是在时刻上尽量接近平均太阳时的一种时间计量系统。

13. 激光干涉引力波天文台：（Laser Interferometer Gravitational-Wave Observatory）缩写为 LIGO，是探测引力波的一个大规模物理实验和天文观测台，其在美国华盛顿州的汉福德与路易斯安纳州的利文斯顿，分别建有激光干涉仪，灵敏度极高（探测长度变化为质子直径的万分之一）。利用两个几乎完全相同的干涉仪共同进行探测，可以减少误判概率。

14. 超体：一个科幻概念，指比人类所在的三维世界更高维的空间，其中可能存在更先进的文明。

15. 相干微波发射：发射相干的微波，即微波需要具有相同的频率和振动方向，之后才能由于相位差产生干涉条纹。

16. 迈克尔逊激光干涉仪：其原理是一束入射光分为两束后被对应的平面镜反射回来，这两

天文 "补给站"

束光从而能够发生干涉。干涉中两束光的不同光程可以通过调节干涉臂长度及改变介质的折射率来实现，从而形成不同的干涉图样。

17. 天区：天球面上的某一块区域。

18. 光电倍增管：一种对紫外光、可见光和近红外光极其敏感的特殊真空管。它能使进入的微弱光信号显著增强，继而能被测量到。

19. 重水：由两个氘和氧原子组成，氘是氢元素的同位素，比氢原子多一个中子，可以在一定程度上提高与中微子发生弱相互作用的概率。

20. 反物质: 正常物质的反状态，当正反物质相遇时，双方就会互相湮灭抵消，发生爆炸并产生巨大能量。

第三章
重识"老邻居"——月球

熟悉且陌生的**月亮**

　　月球与地球之间的平均距离约为38万千米，有时略近，有时略远。38万千米是什么概念呢？大约30个地球排成一列的长度。月球的直径约为3476千米，大约比地球直径的1/4稍多一点（地球直径约为12756千米）。如果把地球比作一个篮球，那月球就只有一个网球那么大。

月球是距离地球最近的"邻居"

月球的质量也比地球小多了，81个月球才抵得上1个地球。假如有一天，你乘坐宇宙飞船来到了月球表面，虽然你还是你，但你的重量只有在地球表面重量的1/6。所以，人在月球表面上行走，身体会显得很轻盈，可以轻松地跳起来。

虽然月球是距离地球最近的"邻居"，月亮也是夜空中最容易被我们识别的天体，但是我们对它的了解足够多吗？对于那些生活中常见的现象，我们是不是真的知道原因呢？下面就让我们一起"探月"吧！

为什么月有阴晴圆缺？

"人有悲欢离合，月有阴晴圆缺。"有时我们看见月亮是一个圆盘，有时我们看见月亮是一弯月牙，可是你有没有想过，月亮为什么有阴晴圆缺呢？

在天文学中，月亮的阴晴圆缺被称作月相。月相是太阳、地球和月球之间的"光影魔术"。月亮本身不发光，我们之所以会看到皎洁的月光，其实是月球表面反射太阳光的结果。

月相的变化是月球相对于太阳、地球的位置不同而造成的。月球绕着地球自西向东转，而地球绕着太阳自西向东转，那么太阳、地球和月球三者之间的相对位置会发生规律性的变化。

太阳光照射月球的方向和我们从地球上看月球的方向，这两者之间的角度是不断在变化的，因此，我们相当于从不同的角度去看被太阳照亮的半个月球，所见到的月球表面的形状自然也就不同了。

假设有一个以地球球心为中心、半径无限大的球，我们把它叫作天球，所有的天体都位于这个天球表面。我们将观测到的太阳圆面称作太阳视圆面，简称为视太阳，将观测到的月球视圆面简称为视月球。

当月球位于地球和太阳之间时，被太阳照亮的半个月面背对着地球，因此其在地面上无法被看见，这就是新月，又称为"朔"，这一天通常是农历初一。

新月之后的三四天，月球向东绕着地球公转，移动到视太阳的旁边，被太阳照亮的半个月面朝西，于是我们在地面上就可以看到亮面朝西的蛾眉月。

随着月球继续向东运行三四天，当太阳、地球和月球三者的相对位置近似呈直角时，太阳落山，月球几乎就升到头顶，这时我们看到的视月球是亮面朝西的半圆，因其形似弯弓被称作上弦月。

再过三四天，看到的视月球朝西的亮面已经大于一半，对应的月相就成了盈凸月。随后到了农历十五、十六，地球在月球和太阳之间，月球被照亮的半个月面朝向地球，所以在地面上的我们就会看到一轮满月，又称"望"。

再过三四天，月相从满月变成亏凸月，但请注意此时视月球的亮面朝西。到了农历二十二、二十三，太阳、地球和月球三者的相对位置又近乎成直角，太阳升起，亮面朝东的半圆几乎挂在头顶，被称作下弦月。

再过三四天，看到的月相将成为残月。随着月球继续向东绕转，又回到了太阳和地球之间，月相成为新月，于是，又开始了下一个朔望周期。

月相从一个新月到下一个新月所经历的时间段是一个朔望月。如果把月相从新月、蛾眉月、上弦月、盈凸月、满月、亏凸月、下弦月、残月到下一个新月的变化过程都一一拍成照片，再将这些照片放在一起看，你会发现两个明显的特征：

第一个特征是，视月球先从西到东逐渐变亮，变成满月之后，再从西到东逐渐变暗；第二个特征是，找到月牙两端形成的两个圆弧顶点，用一条线段将它们连接，你会发现这

月相的变化示意图

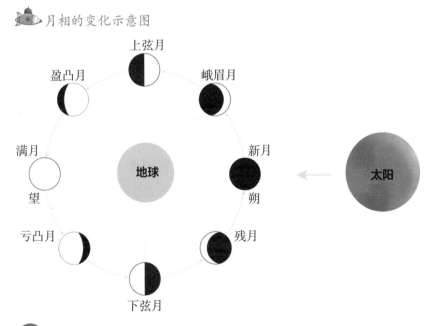

条线段总是经过月亮圆面的中心点，但月食照片则不会。

月亮不仅有阴晴圆缺，而且如果你认真观察月亮，还会发现月球的表面有明暗区域。亮的区域是高地，被称作月陆；而暗的区域则是月球上比较低洼的平原。早期天文学家以为那些暗区域里有水，所以称之为"月海"，但其实并没有在月海里探测到水。相比月陆上的物质，月海里的物质反射光的能力更差，所以看起来更暗。

"日月同辉"的秘密

周末清晨，我和5岁的笑笑小朋友出去买早点，她看到天空中还高悬着月亮，便问："为什么都白天了还有月亮呢？"我让她再仔细观察下，看看月亮长什么样子，亮面朝向哪边。她告诉我："月亮是个半圆，亮面朝向从东边爬上来的太阳。"此时，你肯定知道这样的月相是下弦月了。如果你在白天看到月亮，会觉得奇怪吗？

"日月同辉"的现象每个月都会发生，而且有规律。这和太阳、月球、地球三者的相对位置有关。

每天，月亮是不是都是从同一个方向升起来的？是不是在同一时间升起的呢？月球围绕地球自西向东转一圈平均需要27.3天，这是相对于天空中除太阳之外的背景恒星变化的周期而言的。

为什么要强调相对于天空中除太阳之外的背景恒星呢？

这是因为除太阳之外的恒星都离我们很远，最近的恒星也在约4.2光年之外，从视觉上看，它们彼此在天球上的相对位置近乎不变，因此可以把它们视为背景。

由于月球的公转，月球的位置相对于天上其他恒星的位置会发生变化，那么月球的位置每天会移动多少呢？月球自西向东绕着地球转一圈平均需要27.3天，一圈是360度，那么在每天同一时刻，相对于天空中的恒星，月球向东移动13.2度。

再将地球的公转考虑进来，地球自西向东公转一周360度需要约365.25天，相当于每天自西向东转动大约1度，这就意味着，在每（白）天同一时刻，相对于背景恒星，太阳的位置都会向东移动1度。

综合月球的公转以及地球的公转来考虑，你能算出在每天的同一时刻，相对于太阳，月球的位置每天向东移动多少吗？答案就是12.2度。

地球本身也是自西向东自转的，平均约23小时56分钟自转一圈，相当于每4分钟转1度。那么，在地球上的我们看来，包括太阳、月亮及其他恒星在内的天体都是自东向西转，平均每4分钟转1度。即使将月球公转、地球公转等因素都考虑进来，也会发现由地球自转所造成的视月球的位置变化更明显，总体仍然表现为自东向西移动，所以我们看到的月亮是东升西落的。

每月农历初一的月亮被称为新月，此时月亮与太阳几乎同升同落，清晨月出，黄昏月落。假设，某个农历初一这一天是早上6点日出，下午6点日落。初二，在同一时刻，相对于太阳，月球的位置向东移动了12.2度，这就意味着相对于日出，月亮升出地平线要晚约50分钟。到了农历初七或初八，相对于初一，月亮晚出来的时间就差不多是300分钟到360分钟，月亮出来的时间约为正午12点，等到太阳落山时，月亮的位置差不多在头顶，上半夜可以看到月亮，到了0点左右，月亮就下落至地平线以下。

到了农历十五，相对于初一，月亮晚出来的时间差不多是12个小时，也就是日落时月亮才出来，整晚可看见月亮；等到第二天日出时，月亮落下。那么到了农历二十二或二十三，月亮晚出来的时间差不多是17到18个小时，相当于月亮是半夜从东边升出地平线的，等到日出时，月亮才慢悠悠地移动到头顶，亮面朝着东边。所以那天一大早就能既看到太阳又看到月亮。

等到农历二十五、二十六，月亮便是在后半夜出来，在黄昏前落下，因此黎明日出时你也能看到日月同辉的现象。等到下一个月的初一，月亮和太阳又几乎同升同落；初二，月亮的升起又会比初一时晚约50分钟；初三，月亮的升起又会比初二时晚约50分钟……

"日月同辉"的秘密就在这里。月亮的东升西落、月相、月亮升起的时间都是有学问的，与太阳、月球、地球的相对位置、自转和公转都有着密切的关系。

满月都是一模一样的吗?

在很久以前,人们发现月球好像总是以同一个面朝向我们,而我们看到的满月也几乎是一样的。确切来说,我们看到的月面不是月球表面的50%,而是大约59%。我们看到的月面并非一开始就是这样,是地球和月球之间不断磨合产生的,靠的是潮汐力。月球和地球之间有万有引力,地球靠近月球的一侧受到的引力要比远离月球的一侧更强,我们把这种作用称为潮汐作用。

 在同一时间看到太阳和月亮同时出现在天空

假设地球表面均匀地分布着海洋，由于月球的引力，地球上的海水在地球和月球的连线方向上，被拉扯得稍微有点隆起，在海洋上的体现是涨潮，反过来就是退潮，这就是地球上的潮汐现象。

潮汐其实是地球和月球被拴在一起的又一种表现形式。月球的引力尽力拉扯着地球，与此同时，地球也以相同的引力拉扯着月球。夸张一点来说，地球和月球在它们的连线方向上，互相把对方拉成了橄榄球的形状。

地球把月球轻微地拉扯成一个长椭球形，其中被拉长的方向（长轴）与地月连线方向相近。如果月球自转得比较快，那么椭球的长轴会偏离朝着地球的方向，但是地球的引力又不断地将其拉回来。渐渐地，地球的这种引力作用将减缓月球的自转速度。久而久之，月球就会将一个面朝向地球。此时，你会发现月球的自转周期和它绕地球的公转周期

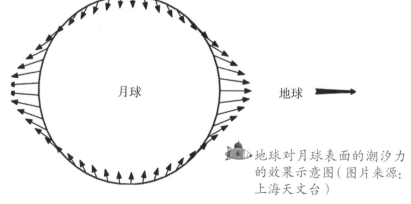

月球   地球 ➡

地球对月球表面的潮汐力的效果示意图（图片来源：上海天文台）

变成一样了，就像被锁住了一样，这叫作潮汐锁定。

50多年前，地球上没有一个人知道月球背面是什么样子，如今依靠航天技术，人类得以窥见月球的背面。月球背面坑坑洼洼，凹凸不平，这些坑被称作陨石坑，是流星体、小行星等撞击月球表面而形成的凹坑，也被称作环形山。

据观测显示，相较于月球正面，月球背面有更多、更密集的陨石坑。这说明月球背面多次被流星体、小行星等撞击，但从某个角度来说，月球也间接地保护了地球。

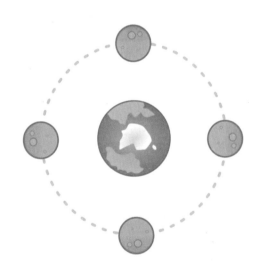

月球几乎总是用同一面对着我们（图片来源：上海天文台）

罕见的月食现象

常常在网络上看到有人将月食和月相的图片弄混淆,将月食的图片当作月相的图片。那么,什么是月食呢?月食和月相有什么区别呢?

我们能看见一个物体,是因为我们的眼睛接收到从该物体发出或反射的光。月球本身不发光,是靠反射太阳照射到它表面的光而"发光"的。当地球处于太阳和月球之间时,在地球背着太阳的方向会产生阴影,被称作地影。

地影分为本影和半影,本影指没有受到太阳光直射的区域,半影指受到部分太阳光直射的区域。月球在绕地球运行

月全食的各个阶段(图片来源:pixabay 素材网)

的过程中，当月球慢慢进入地球本影中时，地球挡住了太阳直接照射到月球上的光，就会发生月食。

根据月球被地球本影或半影遮挡的范围大小，月食可分为三类——月全食、月偏食、半影月食。如果月球全部进入地球本影，这类月食便是月全食；如果月球只是部分进入地球本影，这类月食被称作月偏食；如果月球只是部分进入地球半影，这类月食被称作半影月食。

这三类月食又是怎么形成的呢？下面细细讲来。

发生月全食时，月球并不是完全看不见了，只是亮度变暗，颜色变红，因此，此时的月亮被称作"红月亮"或"血月"。在月全食阶段，月亮之所以仍然可见，是因为太阳光虽然没有直接照射到处于地球本影中的月球，但仍有部分太阳光经过地球折射之后能到达月球。至于为何月全食情况下的月亮是"红月亮"或"血月"，就要归功于阳光和地球大气了。

发生月偏食时，月亮未处于地球本影的部分呈白色，而处于地球本影的部分则是暗淡偏红的。在光源污染较弱的情况下，这两部分均能被看到，而且两者之间存在模糊的界限。如果光源污染严重，那暗淡的一部分看起来就与背景天空浑然一体，月亮看起来就像被咬掉了一口。

发生半影月食时，由于半影区的月球仍然受到部分阳光的直射，所以月亮的亮度只是轻微减弱，而人的肉眼难以分辨出亮度的减弱和颜色的变化。

月食（尤其是月全食）的发生，要求月球在运行过程中进入地影，这意味着太阳、地球和月球几乎在同一条直线上，地球处于中间，这样的机会很少，所以月食现象很罕见。

月食现象为什么罕见？

月食发生的夜晚，正是出现满月的时候。但是，为什么满月月月有，月全食却不是月月有呢？

地球一年围着太阳绕转一圈，会造成我们看到太阳一年在天球面上转动一圈，我们将视太阳在天球上的移动路线称作黄道，将视月球在天球上的移动路线称作白道。黄道面和白道面并不在同一个面上，而是存在一个约5度的夹角。如果让太阳、地球和月球处在同一直线上，那么就必须是月球和太阳均位于黄道面和白道面的交点附近。

由于黄道面和白道面之间存在夹角，一般情况下，月球要么从地球本影上方经过，要么从本影下方经过，很少穿过地球本影，这就导致了月食并不是月月有。每年发生月食的次数一般是2次，最多3次，但有时一次也不会发生。

识别月食的小妙招

看到这里，大家似乎还不能很好地区分月食和月相，别着急，下面有三个小妙招可以帮助大家正确区分。

妙招一：根据短时间内（如半个小时）是否能看到月亮形状的变化来判断。处于某种月相时，月亮亮面形状的变化在一夜之间几乎是肉眼无法察觉到的；但月食的时间通常很短，人们很容易看出月亮亮面形状的变化。月食现象发生的当晚，月相是满月。

妙招二：根据弧度变化来判断。假设你的面前摆了两组照片，一组是处于各种月相的月亮照片，另一组是月食的各个阶段的照片。首先看月相照片，请找到月牙两端形成的圆

2018 年 1 月 31 日月全食的时刻图（图片来源：NASA）

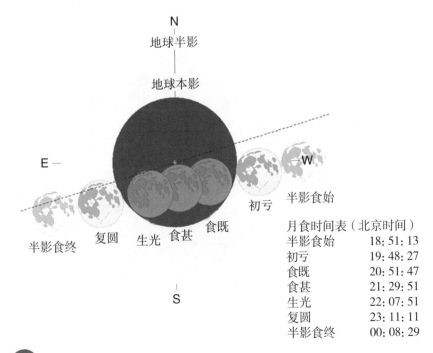

月食时间表（北京时间）

半影食始	18：51：13
初亏	19：48：27
食既	20：51：47
食甚	21：29：51
生光	22：07：51
复圆	23：11：11
半影食终	00：08：29

弧顶点A和B点，用一条线段将它们连接起来，如果发现某组照片的这条线总是经过月亮圆面的中心O点，即这两个点相对于中心所形成的角度总是约180度，那么这组照片就是月相照片。

另一组月食照片，你会发现圆弧顶点相对于中心的夹角一直在变化，有时大于180度，有时小于180度，只有在某个瞬间是180度。这是因为月食过程中，阴影部分主要源于地球的本影，月球轨道处地球本影的尺寸比月亮大，所以月食照片中对应地球本影部分的边缘弧度，比月亮边缘自身弧度更平缓，而且随着时间不断变化。

妙招三：根据边缘来判断。月相照片和月食照片中月亮的边缘不同，前者界限清晰，后者界限模糊。由于月球上没有大气，所以月相的阴暗交界线比较清晰；而在月食过程中，地球阴影的边缘是模糊的，就好像我们站在阳光下，看到自己头部边缘的影子是模糊的一样。

超级蓝色红月亮

你听说过"超级蓝色红月亮"吗？2018年1月31日发生的月全食，被称作"红月亮""超级月亮"和"蓝月亮"的合体，即"超级蓝色红月亮"。你可能会感到好奇，这三个名字是什么意思呢？发生月全食时的月亮不是红月亮吗？怎么又来了一个蓝月亮？别着急，这就带你去看看是怎么回事。

月全食时的红月亮

为什么月全食时的月亮是红色的呢？主要有两个原因：第一，太阳光中的可见光几乎是白光，包含了不同波长的可见光，波长越短，颜色越蓝；第二，由于太阳光会受到地球大气中尺寸比入射光波更小的微粒的散射，颜色越蓝的光被散射的程度越厉害，所以经地球大气散射和折射，抵达月球上的光主要以红光为主，所以月亮看起来就是红月亮。

假设没有地球大气层，那我们在月全食阶段看到的就不是红月亮，或者说看到的是黑月亮，也可以说看不到月亮。

你可能会问："为什么平时偶尔也会看到红月亮呢？"平时出现红月亮具有一定的概率。如果人们视线方向上的月亮位置低，在地平线附近，经月亮表面反射的太阳光会穿过地球大气层，短波长的蓝色光被散射至天空，那么进入我们眼睛的光就以红光为主。因此，我们看到的月亮是偏红的，这和看到日出、日落时的太阳偏红的原因类似。

简单来说，月全食时出现的红月亮，是因为抵达月球表面的太阳光经过地球大气层的散射和折射。所以，无论你是身在太空还是地球，看到的都是红月亮。

而非月食阶段出现的红月亮，照射到月球表面的太阳光没有经过地球大气层的影响。如果从太空中看月球，它并不是红月亮。但当观测者处于地球的某些位置，月球反射的阳光穿过了厚厚的大气层，大气层的散射使得进入我们视线的光主要是长波长的红光。也就是说，想看到非月食阶段出现

月全食的原理示意图（图片来源：timeanddate.com）

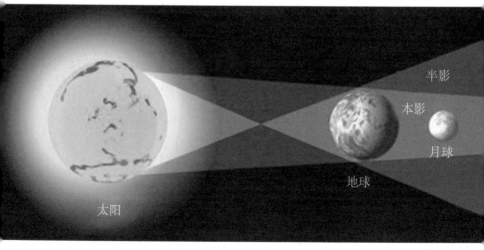

的红月亮，对观测地是有要求的。

在月全食阶段，月亮的颜色不是单一的，这主要取决于地球的大气质量，月亮可能呈现处于淡橙色到深红色之间的颜色。一般来说，月食时，月面的亮度和颜色可分为5级：0级，非常暗淡，几乎看不见；1级，稍亮，呈灰色或褐黄色；2级，微亮，呈铁锈红色，中心有些暗斑，阴影区边缘相当明亮；3级，呈砖红色，阴影区边缘可能呈黄色；4级，呈铜红色或橙色，非常明亮，阴影区边缘可能呈绿松石色或浅蓝色。

蓝月亮其实并不蓝

为什么叫"蓝月亮"呢，难道月亮还会变成蓝色的吗？当然不是。所谓"蓝月亮"并不是指月亮变蓝或者人们用肉眼可以看到蓝色调的月亮，而是指天文历法中的一种特殊现象。通常每个季度出现三次满月，如果某季度出现四次满月，第三次满月就被赋予了一个充满浪漫色彩的名字——蓝月亮。

"蓝月亮"还有另一种定义。早在1946年，天文爱好者詹姆斯·休·普拉特在他发表于《天空和望远镜》的文章中，将一个月内出现的第二次满月称作蓝月亮。虽然他后来做了更正，但这种定义已经广泛传播。按照这种定义，2018年1月份就出现了两次满月，第一次在1月2日，第二次在1月31日，所以31日当晚的月亮就被称为蓝月亮。

根据相关的天文定义推算，每两次出现满月的相邻时间被称作"朔望月"，平均约为29.5天，而目前国际上大多数国家通用的格里高利历将每个月的时间规定为30天或31天，2月比较特殊（平年为28天，闰年为29天）。朔望月与公历定义的月之间的差别，给一个公历季度中出现四次满月或一个月中出现两次满月提供了条件。

超级月亮有多"超级"？

其实，"超级月亮"这个词不是由天文学家提出的，而是美国占星师理查德·诺艾尔在1979年提出的，是指新月或满月时，月亮位于近地点附近的一种现象。月亮位于近地点时正好出现新月，称之为超级新月；月亮位于近地点时正好出现满月，称之为超级满月。而新月无法被我们观测到，它的大小及亮度的变化更无从谈起，因此超级月亮多指超级满月。

月球绕地球运行的轨道并不是正圆形的，而是一个椭圆形。月球到地球的平均距离约是38万千米，月球位于近地点时，距离地球的平均距离为36.3万千米，而位于远地点时，平均距离为40.6万千米。当月球距离地球近时，我们看到的月亮便会大一些。

超级月亮，平均每14个月出现一次。距离我们比较近的几次分别在2016年11月14日、2018年1月31日和2019年2月19日。

　　虽然红月亮、蓝月亮和超级月亮的出现都是比较规律的天文现象,但是如果三者同时出现,就是罕见的天文奇观了。2018年1月31日,红月亮、蓝月亮和超级月亮同时出现,这一现象在1866年也出现过一次。

　　红月亮,是月全食时出现的月亮,发生在月圆之时。不蓝的蓝月亮的出现,是源于月相周期与历法对月份的定义之间的时间差别所引起的,古人认为它能预测灾难,其实,这是以讹传讹。月球距离地球更近时,超级月亮会出现,可能

　　"超级月亮"看起来比远地点处的满月大 14%（图片来源:timeanddate.com）

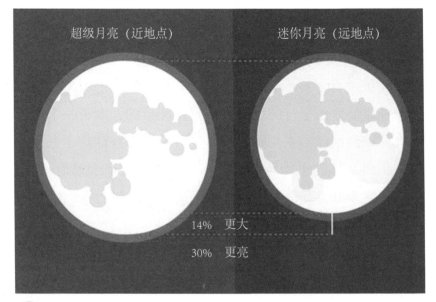

会导致更大一些的潮汐出现，但并不会造成严重的自然灾害，所以，人类不必害怕。

月全食时的红月亮（图片来源：NASA）

奇妙的日食现象

当月球运动到地球和太阳之间时，如果三者正好处于一条直线上，月球会挡住太阳照射到地球上的光，月球背着太阳的方向会出现阴影，被称作月影。在被月影扫过的地球上的区域，会看到太阳在一段时间内被月球遮挡，这种现象被称作日食。

月影分为本影、半影和伪本影。本影指没有受到太阳光直射的地方，在空间上其实是个圆锥形，故被称作本影锥；半影指只受到部分太阳光直射的区域；伪本影指本影锥汇聚一点后继续延伸所得到的椎体。

根据观测者位于月影的具体位置，观测者看到的日食主要分为四类，即日偏食、日全食、日环食和全环食。

 日食全阶段

当地球上的观测者处在月球的半影区中，看到的是日偏食，太阳有一部分被月球遮挡。日偏食发生在非极区时，在地球的某些区域通常能看到其他食相，如日全食、日环食、全环食。

太阳的平均直径约是月球直径的400倍，日地平均距离约是月地平均距离的400倍，因此在地球轨道上，月球本影的尺寸刚好可以遮住整个太阳，于是就发生了日全食。这种情况通常发生在月球处于近地点时，此时月球的本影才能扫过地球表面。当观测者处于月球本影范围内，便能看到日全食，而处于半影范围内则会看到日偏食。

当月球处于远地点时，月球的本影锥不能到达地球，月球本影锥延长所形成的伪本影锥扫过地球的部分区域。此时，月球比太阳看起来尺寸小，因此，从处于伪本影区的地方看太阳，能看到一个中心被遮挡、周围发光的光环，即日环食。

除了日全食和日环食之外，还有一种在非常巧合的情况下发生的日食——全环食。当月地距离刚好约是日地距离的1/400时，月球的本影锥顶点刚好能接触地球，而在全食带两端是伪本影。随着地球和月球的相对移动，处于本影锥顶点附近的区域会先后看到日环食、日全食和日环食，所以称之为全环食。

新月月月有，日食不常有

日食发生的当天对应的月相是新月。新月月月有，但日食却不常有。日食不常有的原因与月食不常有的原因相似。

因为，月球在天球上移动的轨道面——白道面和太阳在天球上移动的轨道面——黄道面，不在同一个面上，而是存在约5度的夹角。发生日食需要满足一个苛刻的条件：月球和太阳均处在白道面和黄道面的交点附近。

地球上每年至少会出现2次日食（日偏食、日环食或日全食），最多5次。日食发生的次数比月食多，但对于大部分没有专门前往日食带观测日食的人来说，看到月食的次数会比看到日食的次数多。这是为什么呢？

月食发生时，不论你在何方，只要天气允许，就能看到月食。日食发生时，地球上仅有很少一部分处于月影扫过的区域（日食带）的人，能够欣赏到日食现象，而没有处于日食带的人则无缘目睹日食。况且，地球上的海洋面积占地球总面积的71%，如果日食带主要位于海洋上，那么观测难度就更高了，一般人自然也就看不到。

对于同一地点来说，出现日全食的概率为每300年至400年一次。上一次在中国境内看到日全食的时间是2009年7月22日，下一次是2035年9月2日。在中国境内，2012年5月21日，人们应该看到过一次日环食，2020年6月21日也看到过一次，下一次就要等到2030年6月1日了。

日食发生时能看到什么？

如果你在日环食带上，恰巧当地阳光灿烂，你会看到太阳被一点一点地"吃"掉，剩下一个亮环，接着又被一点一点地"吐"出来。如果你刚好处在环食带中心线上，会看到这个亮环是个四周等宽的同心圆环；如果你仅在环食带内而不在中心线上，看到的则是个偏心圆环；如果你处在环食带以外、日食带以内的区域，看到的则是日偏食。

如果你在日全食带上，恰巧当地阳光灿烂，你会看到太阳突然间被一个黑影遮挡，黑影不断扩大，感觉黑夜要来了。当太阳只剩下一个小月牙形状时，天色暗淡，一直持续至太阳完全被黑影遮住。暗淡是暂时的，慢慢地，月影向东移出，太阳慢慢露出光芒，直至恢复日食之前的样子。

日偏食发生时能看到什么，取决于食分是多少。食分指日面直径的被遮挡部分与太阳直径的比值，食分等于0.5，表示日面直径被遮挡了一半。如果食分较小，肉眼就难以看出太阳的大小和视亮度的变化；只有食分较大时，肉眼才能看出变化。

科学家看日食是看什么?

对于大众来说，日食是值得观赏的天象。但是对于天文学家来说，日食，特别是日全食具有很高的观测价值。由于月球的遮挡，原本难以观察的太阳外层——色球层和日冕层，得以露出真面目，这对天文学家研究太阳有着重要的意义。

日环食最精彩的一幕——食甚时分呈现的这枚"钻戒"

日全食阶段，我们可以看到平时难得一见的水星，这是寻找水星轨道以内的小行星的好机会。日全食的发生为科学家提供了验证广义相对论的预言之一——光线在巨大的引力场中弯曲的良机。

1919年的日全食观测就是一个成功案例。爱丁顿爵士和他的助手拍摄了日全食期间太阳附近的恒星，并与非日全食阶段拍摄的同一天区的恒星位置对比，从而测定出太阳引力造成的星光的偏折，观测所得到的星光偏折角度与广义相对论预言的光线偏折角度更加接近，并成为首个支持广义相对论的观测证据。

上述所说的科学价值，大部分是从可见光波段考虑的。在可见光波段，日全食的观测价值高，日偏食、日环食要略逊一筹。但就射电波段的观测来说，日偏食、日环食同样具有科学的观测价值，天文学家可以获得色球层和日冕层等太阳大气各层次和局部区域射电辐射的重要信息。实际上，中国射电天文学的发展和日环食的观测有一定的关系。

其他行星上有日食吗?

日食和月食是地球上非常引人关注的特殊天象，那么，在太阳系的其他行星上会不会也有类似现象呢? 2019年3月，

1958年海南岛日环食中苏联合观测队，本次观测为射电天文学这门新兴学科在中国的发展提供了一个契机(图片来源: 王绶琯院士)

"好奇"号火星车在短短10天内就在火星上欣赏了两次日食。不过，如果你把火星上的日食想象成如地球日全食那样壮美，那就大错特错了。火卫一、火卫二（火星的两颗卫星）都太小了，不足以挡住太阳，而且这"兄弟俩"长得都不好看，形如土豆，因此火星上的日食景象实在毫无美感。

木星和土星是太阳系中最大的两颗行星，它们各自拥有为数众多的卫星，然而绝大多数都是直径数十千米的小卫星，不足以挡住太阳。而体积较大的距离木星、土星较近的卫星相对于太阳的视直径来说又过于大了，一下就把整个太阳给挡住了，所以在木星和土星上也见不到在地球上所能看到的壮丽的日全食景象。

【本节作者：施韡，上海天文馆（上海科技馆分馆）建设指挥部展示教育主管】

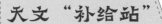

天文 "补给站"

1. 环形山：通常指碗状凹坑结构的坑。月球表面布满了大大小小的凹形坑，即月坑，在大多数月坑周围围绕着高出月面的环形山。

2. 格里高利历：一种源自西方社会的纪年方法，即公历。罗马共和国独裁官儒略·凯撒于公元前45年1月1日起执行的历法被称作儒略历。在儒略历的基础上，意大利人里利乌斯加以改革，制定了一种新历法，由教皇格列高利十三世在1582年颁行，故称作格里高利历。我们现在所用的公历便是格里高利历。

3. 近地点：在月球或航天器运转的轨道上距离地球最近的位置。

4. 色球层：太阳大气中的一层，厚度大约为2000千米，位于光球层的上方和过渡区的下方。

5. 日冕层：太阳最外围大气，其范围很大，边界离太阳表面约3个太阳半径那么远（200万千米），密度稀薄，但温度很高，可达200万摄氏度。

6. 射电波段：频率在300千兆赫兹到30赫兹范围内的电磁波。

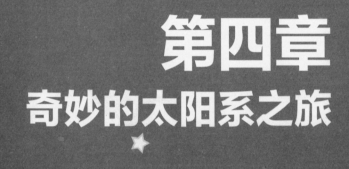

第四章
奇妙的太阳系之旅

太阳系诞生记

在天文学中，科学家将比氢和氦更重的元素称作金属元素。比铁元素轻的金属元素多是通过恒星核心的核聚变形成的，然后通过超新星爆炸，被释放到宇宙空间。而比铁元素更重的多数金属元素则是在超新星爆炸的过程中产生的。天文学家认为，金属元素的丰富意味着太阳其实是个"富二代"。在太阳所处的空间附近，曾经诞生和死亡过第一代恒星，是它们让这里有了如此丰富的金属元素。而金属元素又是行星等天体诞生、演化的关键。

大约在46亿年前，有一团混杂着金属及尘埃的气体（分子云），它们质量很大，气体向外的压力没法与其自身向内的引力抗衡，于是向内发生"引力坍缩"，形成了原初太阳系，看起来就像一个"盘子"。

引力坍缩是天体物理学上恒星或星际物质在自身引力的作用下向内塌陷的过程，产生这种情况的原因是，物质本身不能提供足够的压力以平衡自身的引力，从而无法继续维持原有的流体静力学平衡，引力使物质彼此拉近而产生坍缩。

为什么坍缩形成的太阳系像个"盘子"呢？这是因为，这团气体在转动，而在这个过程中，转动的能力是保持不变的（即角动量守恒），这使得刚刚诞生的太阳在转动，那些残留在太阳周围、没有参与太阳形成的少量尘埃、气体也在快速围绕太阳转动，于是，就在太阳周围转成了一个盘子。正是这些少量物质孕育了太阳系中所有的行星和小行星等。

在坍缩形成的整个太阳系中，太阳是质量最大的一个天体，占据了太阳系总质量的99.86%，是毋庸置疑的"主角"。

行星形成记

太阳系从内至外，依次是岩石类行星（类地行星）、气态行星和冰巨星，这是为什么呢？

水星（图片来源：NASA）

金星（图片来源：NASA）

刚刚诞生的太阳周围像一个"盘子"，"盘子"的主要成分和太阳一样，也是氢和氦，但还包含了少数由碳、氧等其他元素组成的气体分子和固体微粒，也就是尘埃。天文学家们认为，行星之所以能诞生，这些尘埃功不可没。

"盘子"里的尘埃颗粒比雾霾的尘埃颗粒要小。

地球

火星（图片来源：NASA）

雾霾的尘埃颗粒是PM2.5。PM2.5一般指细颗粒物，即环境空气中直径小于等于2.5微米的颗粒物。而"盘子"里的尘埃颗粒是PM0.1，是尺寸小于或等于0.1微米的固体颗粒。这些尘埃颗粒彼此碰撞，逐渐长大直至变成一颗颗微行星，大小是1千米至10千米，接着微行星彼此碰撞，不断合并成长，变成一颗颗小行星，有一些继续成长，变为大行星。

木星（图片来源：NSA、ESA）

土星（图片来源：NASA、ESA）

　　离太阳近的区域，温度很高，所以这个区域存在的固体颗粒主要是高熔点的物质，如铁、镍和岩石状硅酸盐，这个地方没有固态的冰，因此长成的大行星是岩石类行星，如水星、金星、地球和火星。它们可能也是最先形成的大行星。由于这类固体颗粒仅占原初恒星盘质量的很小一部分，大约只有0.6%，因此，这类行星不会长得很大。

　　距离太阳远一些的区域，温度很低，水以固态冰形式存在，所以就形成了以冰状化合物为主要成分的行星种子。相比于岩石，原初恒星盘中水的含量更丰富，所以相比于岩石类行星，这里形成的行星种子质量要大好多倍。

　　行星种子在自身引力作用下，不断吸积周

天王星（图片来源：NASA）

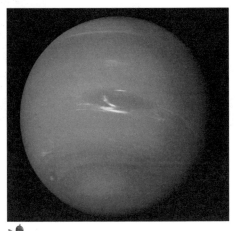

海王星（图片来源：NASA）

边的气体，让自己变得越来越大，越来越重，最终变成气态大行星——木星和土星。木星是太阳系中质量最大的行星。土星比木星小，原因是它比木星诞生得晚，木星提前把周边的大部分气体一扫而空，土星没有那么多气体可以用了。

离太阳再远些的是冰巨星，如天王星和海王星，它们是太阳系中最晚形成的大行星，也是由通过聚集固体物质形成的行星种子形成的。它们诞生的时候，周围已经没有气体供它们吸积了，所以它们几乎不含氢气和氦气。

多种多样的卫星

卫星绕着行星转动，行星围绕太阳转动。这样看来，卫星和行星组成的系统就像一个迷你的行星和太阳系。只不过，太阳系行星的卫星多在距行星半径数倍到数十倍的地方绕行，而离太阳最近的行星——水星，却在离太阳半径80倍的距离运行。从这个角度看，卫星和行星组成的系统是一个更偏向内侧的迷你太阳系。

地球的卫星是月球。根据目前的观测结果来看，水星和金星没有卫星，而质量是地球质量1/10的火星却有两颗卫星。木星存在70多颗卫星，土星存

太阳照耀着行星和卫星

在80多颗已确认的卫星，天王星和海王星也都有很多颗卫星。

为什么水星和金星没有卫星呢？原因不明，不过有这样两种猜测：第一，水星和金星距离太阳太近，太阳吹出的太阳风使得周边缺少诞生卫星的原材料；第二，即使形成了卫星，或者成功俘获了一个天体成为卫星，也极可能因未处在安全地带而危机四伏。如果这颗卫星离行星太远，就容易被太阳俘获；如果离行星太近，又容易受行星的影响，结局堪忧，难逃被撕碎的命运。

太阳系的未来

大约50亿年后，太阳将离开主序带并开始膨胀，变得更大、更红、更明亮，要比现在亮上数千倍，但表面温度降低，成为一颗红巨星。那时，地球目前所在的区域就会被膨胀的太阳吞噬，人类将无法生存。不过别担心，那时候人类

大约 50 亿年后，太阳将成为一颗红巨星

可能都移民到外星球去了。

太阳成为红巨星之后，在星风的作用下，太阳的外层气体会不断被抛离，最后裸露出核心区一颗致密的白矮星。白矮星的"白"指温度高，以至于发出的光是白光；"矮"指体积小。

太阳最终形成的白矮星将只有地球般大小，却拥有太阳原来一半的质量。理论上，随着热量慢慢散去，最终白矮星将经过百亿年的冷却成为一颗黑矮星。

白矮星

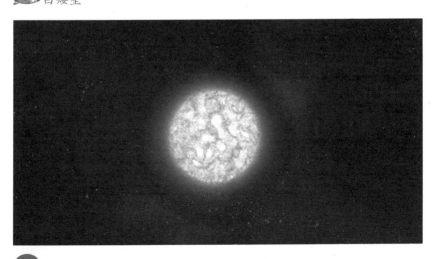

太阳系的 "主角"

太阳系的 "主角" 是位居中心的太阳，而太阳是地球上绝大多数生命的能量之源，植物借助光合作用，利用太阳能合成生长所需的养料；而植食性动物食用植物来获取能量生存，处于更高食物链位置的动物以其他动物为食来获取能量。不管是植物还是动物，归根结底使用的还是太阳能。

除此之外，我们使用的很多材料——汽油、塑料等都是

太阳能电池板

由石油加工而来的，而普遍认为，石油的能量源头也是太阳能。可以说，我们的吃穿住行都离不开太阳能，离不开太阳。

我们都是太阳的孩子。太阳孕育了地球，地球孕育了我们。在太阳中已发现的85种元素中，原子数目最多的是氢元素，而我们人体中原子数最多的也是氢元素，所以，不论从吃穿住行还是人类自身来说，我们都和太阳密不可分。

太阳是什么样子的？

虽然我们站在地球上看见的太阳很小，就像一个圆盘悬挂在空中，但其实太阳真不小。太阳的形状接近理想的球体，极直径和赤道直径之差不超过10千米。通过观测太阳表面黑子等其他特征的运动，天文学家们测定出了太阳的自转

从地球上看，太阳就像一个圆盘

速度。太阳在不同纬度的自转速度不同，赤道处约每25天自转一圈，而南北极的位置约每36天自转一圈，这样的自转模式被称作较差自转。

除了自转，太阳作为一颗恒星，还围绕银河系中心约每2亿年公转一圈，太阳的公转速度是每秒钟230千米。太阳的体积大，质量也达到200万亿亿亿千克，占据了太阳系中99.8%的质量，相当于所有大行星质量总和的750倍。

虽然我们对太阳很熟悉，甚至亲切地将其称呼为太阳公公。但是，你知道太阳究竟是一个什么样的球体吗？其实，太阳是一个由引力束缚的等离子体球。什么是等离子体呢？我们先将等离子体状态理解成类似气体的状态，没有固定形状，但等离子体又不同于气体。我们呼吸的空气就是气体，由气体分子组成，分子由原子组成，当某个原子失去或得到电子后，就会成为带正电或负电荷的离子，这个过程被称作电离。等离子体是由离子、电子和中性粒子等不同性质的粒子组成的电中性物质状态。

宇宙中，等离子体是最常见的一种物质状态。我们晚上看到的漫天繁星中的恒星大部分都处于这种状态。等离子体在电场和磁场的作用下，各种带电粒子之间相互作用，引起各种效应，使它得以被应用到热核聚变、对金属表面的镀膜和材料表面改性等领域。

在日常生活中，我们见到的日光灯、等离子显示器也应用了等离子体的性质。我们在科技馆很可能看到等离子体球，轻轻地用指尖触摸球体外侧，就能看到漂亮的丝状光线随着指尖舞动，这是惰性气体在高电压的触发下形成的等离子体状态。

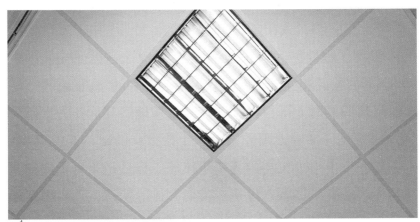

天花板上的日光灯

弧形液晶电视等离子显示器

太阳为什么会发光？

太阳为什么会源源不断地发光呢？这和它一直燃烧有关吗？当然有关，太阳的温度很高，而且从太阳的内部到外部，温度一直在变化，太阳内部的温度最高，太阳外部的温度也不低。

其实，说太阳在燃烧是不准确的。我们知道常规的燃烧需要满足三个要素：可燃物、助燃物和着火源。太阳发光并非我们平常所认为的燃烧导致的。太阳发光的原因是太阳核

常规的燃烧需要满足三个要素：可燃物、助燃物和着火源

心持续不断地核聚变，核聚变反应的过程是四个氢原子聚合成一个氦原子并损失一定的质量，损失的质量就转化为能量（光和热），由于太阳核心每秒有很多次核反应，所以能释放出巨大的能量。

太阳中的热核反应使得太阳每秒损失400万吨质量，最终向外辐射约380亿亿亿焦耳的能量，相当于约1亿亿吨标准煤燃烧后产生的能量，而地球每秒只接受了其中能量的二十亿分之一左右。

太阳核心的氢聚变成氦，通过损失自身的质量来产生能量，那太阳的质量有一天会不会损失完呢？太阳的质量很大，当前的太阳寿命已经有46亿年了，未来还能继续稳定燃烧约50亿年。在过去的46亿年里，太阳通过核聚变方式释放能量所损失的质量大约仅占到其质量的万分之三。

光子的坎坷**旅程**

　　我们平常看见的太阳表面是光球层，光球层是什么呢？光球层是太阳大气下方的区域，它辐射出大量可见光波段的光子。光球层是我们肉眼最容易看到的表面，也是我们平常所看见的太阳光的来源。光球层的厚度不超过500千米，小于太阳半径的千分之一。

　　我们难以直接观察到光球层以内的太阳内部。但是，正如通过研究地震波来推断地球的内部结构一样，我们也可以用研究太阳内部的压力波来推断太阳内部的结构。

　　距离太阳中心不超过约20万千米（相当于太阳半径的2/7）的区域是太阳的核心，那里密度很高，是水密度的150倍，温度高达约1500万开尔文（绝对温度）。太阳90%的质量都处于距离太阳核心半径50%的区域内，由此可见，太阳核心的密度之高。太阳的核心区是太阳内核聚变的区域，能产生大量高能 γ 射线光子，光子的"旅途"起点便是这里。

　　太阳的核心区是电子和质子的"闹市区"。光子在前进过程中，会与电子、质子发生散射，近似于碰撞，每次的散射都会导致光子前进的路线发生偏折，使光子的能量有所损失。量子力学告诉我们，光子更喜欢（有更高的概率）与电子发生散射；如果仅粗略估计，光子与质子之间发生的散射几乎可以被忽略不计。

行进过程

我们可以想象一下，一个光子在行进过程中，被临近的一个电子散射，方向发生改变，能量减小了一部分，又遇到另一个电子，能量再次受损，接着又遇到多个电子，经历相似的遭遇。但是，不管道路如何艰难，光子从未停止前进的脚步。

到了辐射层，情况变得更加复杂了。辐射层是距离太阳核心大约20万千米到50万千米的区域，温度较核心区有所降低，但依然高达几十万开尔文，粒子密度依然很高，而且粒子种类相较于核心区多了罕见的原子。在原子中，电子是被束缚住的。光子到达这里后，如果遇到原子，就会被原子吸收。它就像一个英雄，会把被束缚的外层电子从原子核的束缚中解救出来，使其成为自由电子。虽然原来的光子被吸收了，但这个过程会辐射出一个能量更低的新光子。

由于光子的能量远大于原子中被束缚的外层电子的能量，所以光子与原子的相互作用，表现得就像光子与电子的散射过程。我们仍然可以将光子被吸收再辐射的这个过程比拟成光子在随机行走。

经过多次吸收和辐射，光子终于到了位于辐射层之外的对流层，对流层距离太阳核心大约50万千米至70万千米。这

里的温度比辐射层温度更低，物质密度也没有辐射层的物质高。这里会产生热对流，就像水壶烧水时水会上下翻滚一样，对流层中的物质一旦到达对流层外围，温度降低，就会切入对流层的底部，从下面的辐射层获取更多热量。

光子到了对流层，相对于在辐射层的它，向外传播的速度已经有所降低。等抵达光球层时，光子早已不是核心区产生的高能 γ 射线光子了，已经"历练"成能量更低的可见光、紫外线光子，并获得了自由，以光速向四面八方传播。

实际上，没有人知道一个光子从诞生那刻到抵达光球层的途中，真正经历了什么，上文只是形象地介绍了光子可能会遇到的事情，诸如在核心区和辐射层被粒子多次散射、在辐射层可能被原子吸收、在对流层进行传播等。

对于这类问题，更好的做法是进行统计和群体处理。太阳的半径为70万千米，如果没有太阳内部带电粒子和原子的影响，光子只需要2秒多便可传播至光球层，而实际上光子平均需要10万年才能传到光球层表面。光球层的这些光子以光速传播，抵达地球需要8分20秒。

也就是说，我们此刻感受到的太阳光是太阳光球层8分20秒前发出的光子，而这些光子的前身却是约10万年前产生的高能光子。能量巨大的核反应"熔炉"中发出的高能光子，经历70万千米的"坎坷旅途"与我们见面，给予我们光明和温暖。

不宁静的太阳大气

我们从地球上看太阳，可以看到太阳有清晰的边界。假设我们驾驶的宇宙飞船能承受百万开尔文的高温，当我们靠近太阳光球层时，会发现那里并没有边界。

和我们呼吸的空气相比，太阳大气的压强更低，相当于地球上海平面处压强的10%，太阳大气密度相当于海平面处空气密度的万分之一。据观测显示，光球层表面斑驳，看起来就像被撒在深色桌布上的米粒，这种结构也因此被命名为"米粒组织"。

太阳的光球层像被撒在深色桌布上的米粒

太阳大气结构

在"米粒"的边缘区域，较冷的等离子体会下沉，所以显得较暗；而在中间区域，较热的等离子体上升，所以显得较亮。一颗典型的"米粒"直径约1500千米，能存在8分钟至20分钟，尺寸达两倍地球大小的超级颗粒能维持约24小时。光球层表面的"米粒组织"和它们的上下振动主要是因为光球层下方的对流层。

厚度约500千米的光球层以上是厚度约2000千米的色球层。色球层比较稀薄和透明，肉眼难以见到。除非发生日全食，太阳完全进入月球的影子中，光球层明亮的光芒被掩盖，我们才能用肉眼看到太阳圆面周围的一层玫红色的辉光，那便是色球层发出的光，还会偶尔看到喷出的"小火苗"，那便是日珥。

我们给天文望远镜装上日珥镜后，可拍摄太阳色球层的图像，如果刚好拍摄到日珥，可以测量出日珥上升的高度，从而推算日珥的高度。日珥上升的高度能达几十万千米，可以持续几小时甚至几天。

色球层以上是厚度约8500千米的过渡区，该区域的温度急剧上升，外围是温度更高的稀薄的等离子区域——日冕，它所覆盖的区域达几百万千米。日冕的密度比色球层更低，所以肉眼无法观测到，只有在日全食时才能看到。

我们可能认为，日冕在色球层的外围，离太阳核心更远，温度应该更低；然而据观测数据显示，日冕的温度高达300万开尔文，远远超出光球层的温度。

1869年，天文学家们通过观测日全食，发现日冕中存在一条前所未见的发射线，波长为530.3纳米。刚开始，天文学家们推测，它源于日冕中一种新发现的元素。随着量子力学的建立和发展，以及光谱实验手段的进步，60年后，天文学家们发现这条发射线源于高电离的铁，铁原子外围的13个电子均被电离出去。要想让铁原子"扔掉"外围的13个电子，所需的环境温度非常高，高达百万开尔文的量级。伴随着神秘发射线之谜的解开，日冕的高温也被证实。

继续向外，离开日冕，便进入太阳风区域。太阳风是从日冕发出的高速粒子风，主要成分是电子和质子。太阳风非常稀薄，每秒能带走200万吨物质。在过去的46亿年中，太阳风使太阳丢失了千分之一的质量，比通过核聚变损失的质量还要多。

不过，大家不用害怕太阳风中的粒子，因为有地球磁场保护我们，靠近地球的大部分太阳风粒子都未进入地球大气层，而是绕过地球磁场，继续向前运动。但也有一些粒子会"溜进"地球的南北极，使得地球大气中的分子变得不安分（激发），进而产生漂亮的极光。

至此，我们可能以为太阳表面大气，从内到外可以清晰地分为光球层、色球层、日冕和太阳风区域，但其实并没

有明显的界线。从观测来看，太阳表面大气中的物质也是不宁静的，会呈现太阳黑子、耀斑、日珥和日冕物质抛射等现象。

如果我们用光学望远镜进行观测，会发现太阳表面有一些区域看起来是黑色的，这是因为那里温度比周围要低，所以看起来比周围更暗。黑色的点状物就是黑子，就像太阳脸上的"黑痣"。太阳黑子很少单独行动，通常是成群出现。我们不要以为黑子很小，一个普通黑子可能装得下几个地球，甚至几十个地球呢！

从太阳大气底层到高层，以黑子为核心形成了一个活动中心，被称作太阳活动区。黑子附近经常出现一些比周围环

境更亮的斑块，它们被称作光斑。黑子和光斑均是太阳光球层呈现的现象。

色球层中也有一些较亮的区域，被称作谱斑。谱斑和光斑形态相近，位置也接近，表明二者之间存在某些联系。

当监测太阳色球层的辐射时，天文学家们发现谱斑区会出现突然增亮的现象，而且在几分钟内，谱斑能增亮几倍甚至几十倍，然后又缓慢恢复原来的亮度，这种现象被称作耀斑现象。

需要注意的是，最早关于太阳耀斑的定义是，太阳色球层谱斑突然增亮的现象，但实际上当耀斑现象发生时，不仅色球层的谱斑亮度发生变化，通常（但并非总是）还会对光球层和日冕造成影响，伴随着日冕物质抛射，从日冕抛射出

太阳耀斑（图片来源：NASA）

太阳风粒子。

　　通过长期监测太阳黑子数目的变化，天文学家们发现黑子的活动周期平均是11年；耀斑的活动周期也是平均11年，从太阳活跃期的一天数次到宁静期的一星期不到一次。

　　当太阳上有大群黑子出现时，可能会产生太阳风暴，太阳风暴比平常吹出来的太阳风要猛烈得多。在太阳风暴发生的极端情况下，地球上的卫星定位和卫星通信可能会受到短暂的干扰，这时我们就无法用北斗卫星或GPS准确定位了。

太阳黑子（图片来源：NASA）

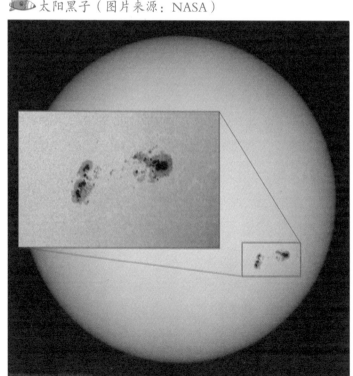

性格迥异的行星

　　很久以前，人们观测满天繁星，发现天空就像一个球面，星星们在球面上排列着，彼此之间的位置几乎不改变。除了太阳和月亮，还有五颗星星——水星、金星、火星、木星和土星，它们与其他星星的相对位置却是改变的，于是天文学家给这五颗星星取名——行星，即行进的星。

　　而那些彼此位置几乎不改变的星星是恒星，比如太阳。一些恒星比太阳还要亮，还要大，但是因为它们距离我们非常遥远，所以看起来比太阳小很多，也暗许多。

　　根据国际天文学联合会于2006年通过的新决议，一个行星要成为大行星，需要同时满足三个条件：是围绕太阳运行的天体，而不是另一个行星的卫星；质量足够大，大到能实现静力学平衡状态，形成近似球形的结构；已经"清理"它所运行轨道上的其他天体，也就是说，它的运行轨道上没有其他的显著天体。

　　什么叫作静力学平衡状态呢？举个例子，我们地球表面的大气就处于这种状态，在地球对大气的万有引力作用下，离地面近的大气密度更高，气体产生的压力也就更大，如果将大气层分成很多薄层，单单看每一个薄层，它会受到自身向下的重力、下面那层大气对它向上的压力，以及上面那层大气对它向下的压力，这三个力加在一起刚好抵消，那么这层大气就处于静力学平衡状态。如果每个薄层都平衡了，地球大气层便平衡了，处于静力学平衡状态下的流体就会形成一个近似球形的结构。

太阳系中的八大行星有水星、金星、地球、火星、木星、土星、天王星和海王星。曾经的第九大行星——冥王星，未满足第三个条件，天文学家在冥王星所处的区域发现了不少与它差不多大小的天体。于是，冥王星就被降级为矮行星，目前已被探测到的太阳系的矮行星还包括谷神星和齐娜（阋神星）。

现在就让我们穿好宇航服，在宇宙飞船内安全就座，从地球出发，近距离地认识各大行星吧。我们乘坐的飞船是亚光速飞船，每秒前行60000千米，相当于光速的20%，那么

让我们一起乘坐宇宙飞船去探索宇宙吧

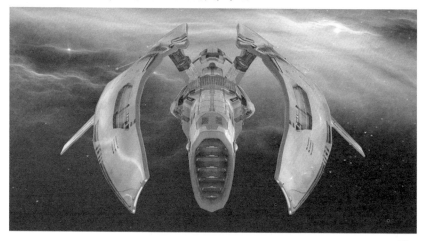

从地球出发，到达太阳表面，里程是3000万千米，需要2000秒，大概33分钟。

类地行星

飞船从太阳表面向外前进500秒，就会到达水星的运动轨道附近。作为最靠近太阳的大行星，水星绕太阳转动的速度最快，行星核中含铁量最高。水星的质量比月球大，引力更强。从表面来看，水星与月球相似，表面坑坑洼洼的，这是因为其表面几乎没有大气层当"保护罩"来抵御彗星和小行星等小天体的撞击。由于没有大气层当保温的"被子"，因此水星上的昼夜温差很大，接近600摄氏度。

从水星轨道继续向外前行750秒，就会到达金星的轨道附近。水星表面几乎没有大气，而其"邻居"金星却恰好相反，它有着一层很厚的大气层，而且超过97%的成分是二氧化碳，"温室效应"使得金星表面温度非常高，一般在460摄氏度以上。

由于金星的大气层表面反射光的能力强，所以从地球上看，金星很亮。而且，金星"特立独行"的一点是，它的自转方向和公转方向相反，它是自东向西自转，也就是说，在金星上看太阳是西升东落的。

我们继续前行750秒，就能看到我们所生活的那颗"蓝宝石"——地球。地球的颜色是丰富多彩的，最明显的颜色

俯瞰地球，蓝色区域主要是海洋

是蓝色、白色，还有黄色、绿色。蓝色的区域主要是海洋，而白色的区域多是云层或冰雪。

再前行1250秒，我们就到了火星轨道附近。你知道火星为什么看起来是红色的吗？因为它的土壤里富含铁，以棕红色的氧化铁形式存在。那两极的"白帽子"是干冰，可不是地球上两极常见的水冰。火星经常出现在科幻作品中，原因是它的质量、体积、自转和公转速度与地球相近。不过，由于火星质量不够大，没有能力束缚住足够厚的大气，所以昼夜温差大。

水星、金星、地球和火星被归为类地行星，它们的共同点是质量不大，但密度大，以比较重的元素组成的岩石物质为主，而氢元素含量较低，故也被称作岩石类行星。

类木行星和冰行星

类木行星又称气态巨行星，"传统"的气态巨行星是木星和土星。木星和土星体积巨大，质量也大，但密度小，主要由氢、氦、氖等轻元素组成。冰行星是一种主要由比氢和氦重的气体组成的巨行星，也称为冰巨星。天王星和海王星均是典型的冰巨星。气态巨行星和冰巨星都属于类木行星家族。

接下来，我们乘坐亚光速飞船去看看更加遥远的气态巨行星家族和冰巨星家族。我们飞船的速度是0.2倍光速，那么，飞船从火星轨道到达木星轨道需要9250秒，即约2.5个小时。

小心，我们进入火星和木星之间的小行星带了，还好并不像科幻电影中展示的那么密集，只要我们选择好航线，就不会出现问题。这里的小行星大小不一，小的几乎看不到，大的有数百千米。粗略统计，小行星带拥有几百万颗直径大于1千米的小天体。但是把这么多"小不点"捏起来，总质量还不到地球质量的千分之一。

马上就到木星了！是不是被木星的巨大体积震撼到了呢？我们远远看过去，就能看到它庞大的身躯，周围还环绕着70多个卫星（包括4颗最明亮的伽利略卫星）。木星就像一个会呼吸的巨型生物，你能看到它表面五彩缤纷的条纹，还

有一个明显的气体旋涡——大红斑。千万别小看了这个大红斑，它能装得下我们的地球呢！

木星上风的特点可以用三个以"s"开头的单词来描述，即strong（强）、straight（直）、static（稳），也就是说，木星上风力强劲，风速高达每秒100多米，风向较直，并且风力稳定。与木星相比，地球大气环境要平静许多。

科学家们猜测，由于木星上的风向主要是水平方向的，当该方向上的气旋呈逆时针或顺时针旋转时，就会形成小旋涡，而小旋涡合并之后就能形成大旋涡，大红斑很可能就是这样形成的。但是请注意，这只是一种理论模型，仍然不是最终结论。

木星不仅体积大，质量也大，其他大行星的质量加起来也只有它的一小半。能力越强，责任越大。大质量的木星担当了太阳系中的"清洁工"，很大程度上拦截了向太阳内侧移动的不少彗星和小行星，使包括地球在内的类地行星受到撞击的概率大大降低。我们是不是应该感谢木星，为我们默默付出呢？

又过了3个小时，我们到达土星轨道了。你有看到土星环吗？你会发现，土星环很薄，就像一个大薄饼。如果把环的直径压到一个篮球那么大，那么它的厚度比人的头发丝还要细很多。土星环并非连续一片，丝毫没有缝隙，而是由冰晶颗粒组成的，这些颗粒小的有一颗沙砾那么小，大的有一辆汽车那么大。从内到外，土星环由七个环构成，分别命名为D、C、B、A、F、G和E环。你是不是很好奇，为什么不是A、B、C、D、E、F、G环呢？这是因为，这些环是依据被发现的时间先后来命名的，D和C环相对亮，所以先被发现。土星也有80多颗质量大小各异的卫星，其中的一颗卫星"泰坦"比水星还要大。

参观完气态巨行星，你会发现它们的共同点是体积大、质量大、密度小、卫星多，主要成分是氢和氦。土星的平均密度比水还要小，如果有足够大的水池能盛得下土星，那么你会看到土星漂在水面上。

休息一会儿，我们的飞船还需要将近7个小时才会到达天王星的轨道附近。远远地，我们就能看到一个蓝色的大星球——天王星，它围绕太阳转一圈需要差不多84个地球年，所以短时间内我们几乎看不出它位置的变化。

天王星和金星都是"特立独行"的行星，金星的自转方

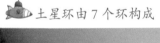
土星环由7个环构成

向与公转方向相反，而天王星的自转方向几乎与公转方向垂直，因此天王星看起来是躺在自己的轨道上自转的，可别期望在天王星上看到日出和日落。

我们再向前飞行7个半小时就到海王星了。海王星同样是一颗蓝色的星球，甚至比天王星还要蓝。它是第一颗天文学家通过计算找到的大行星。天王星和海王星是两颗远日行星，也是以冰状物质为主的大行星。

早在1612年，伽利略就观测和描绘过海王星，但因为海王星公转速度太慢，在当时的望远镜精度下，没法看出它的位置变化，也就没法确定它是一颗行星了，以至于还以为那是一颗普通的恒星呢。

还有更广袤的空间

从地球到太阳，从太阳依次前进至海王星，我们已经花了快1天的时间。而海王星之外的广袤空间，我们还未触及。那里是太阳系小天体的世界，这些小天体不符合被称为大行星的标准，包括矮行星（如冥王星）、彗星、小行星、宇宙尘埃等。

太阳系的边界在哪里？实际上没有明确的定义。如果用太阳风传递的最大距离来界定，那么边界在距离太阳约95倍日地距离（日地距离为天文单位，AU）处。我们的飞船从海王星飞到那里，需要45个小时。目前，已经有人造探测器成功飞出了太阳风边界，它们就是20世纪70年代末发射的

"旅行者1号"和"旅行者2号",但它们飞出边界各花了37年和41年。

在某个半径处,太阳风刚好无法推离星际介质,该边界成为定义太阳系边缘的另一种方法。根据"旅行者1号"航天器的探测数据,太阳系的边缘约是120AU。与之形成对比的是,太阳的引力束缚范围被定义为太阳的引力所主导的区域,即该区域内太阳的引力超过周围其他恒星的引力。太阳的引力束缚范围远大于太阳风边界,大约在5万AU与2光年之间。我们的飞船需要近10年才能抵达。

太阳只是银河系三千多亿颗恒星中的一颗,距离它最近的一颗恒星在4.2光年之外;银河系是宇宙中千亿个星系中的一个。但就是这么一个小小的太阳系,蕴藏了这么丰富的秘密。

 宇宙还有很多人类不知道的"秘密"

小行星真的小吗？

除了大行星和卫星，太阳系中的重要成员还包括一些"小不点"——小行星、彗星和流星体。别看它们是"小不点"，里面的学问可真不小呢！

还记得在介绍大行星时，我们提到的国际天文学联合会给大行星认定设置的三个条件吗？满足这三个条件的天体，被称作大行星。如果只满足前两个条件的就属于矮行星。如果只满足第一个条件，那就是小行星或者周期性彗星了。要区分究竟是小行星还是周期性彗星，有很多方法，比如可以观测它们靠近太阳时，亮度和形态是否发生变化。

那么，小行星都在哪里呢？在火星和木星之间，没有其他的大行星，却有一群"小不点"，它们围绕着太阳转动，虽然体积和质量都很小，却不是大行星的卫星，而是小行星，它们所处的区域被称作小行星带。小行星从哪来呢？一种推测是，小行星是太阳系形成过程中未能形成大行星的残留物质。

除了小行星带，还能在一些其他的位置看到小行星的身影，比如在火星和地球之间、地球轨道内部、木星轨道外部等。目前，约90%已知的小行星的轨道位于小行星带中。

小行星很小，但形态多样

　　既然叫小行星，究竟有多小呢？截至2020年3月15日，已经发现约127万颗小行星，大部分直径在几百千米以下，直径超过240千米的小行星不到20颗，目前已知小行星中最大、最重的当属谷神星，平均直径为952千米。

　　当然，该记录不是最终记录，毕竟我们所发现的仅是一部分小行星。尽管小行星数目众多，但太阳系中全部的小行星的质量加起来不过约为地球质量的三千分之一，比月球质量还要小，由此可见，小行星的质量有多小。

　　小行星不仅小，而且形状多样。一颗小行星想要成为球形也不容易，至少要保证自身的引力足够强。因此，只有少数的小行星是球形的，比如谷神星；而大多数小行星是不规则的，有的像甜甜圈，有的像馒头，有的像含葡萄干的面包。天文学家们发现，小行星的组成物质也各式各样，有的含岩石多，有的含金属铁多。

　　研究小行星，一方面能帮助我们找到太阳系早期演化和形成的线索；另一方面，因为小行星上有着一些地球上罕见的元素，如果能在小行星上开采矿物，说不定能缓解地球上的资源危机呢。

在浩瀚的宇宙中，小行星犹如一颗颗形状各异的石子

小行星会撞击地球吗?

小行星会撞击地球吗？有可能，但概率很低。理论上，直径约1千米的近地小行星撞击地球的概率约每10万年一次。这是因为绝大多数小行星都位于离地球很远的小行星带，但确实也存在一些小行星，它们前进的轨道与地球轨道相交。

根据目前的研究，与地球轨道相交且最终能撞击地球的小行星的数目并不多，但是在地球存在的漫长的岁月里，还是承受了多次小行星的撞击。

位于墨西哥湾的大陨石坑，很可能是过去小行星撞击地球的痕迹。6500万年前，恐龙的灭绝也很有可能是小行星撞击地球造成的：小行星撞击地球后，发生大爆炸，大量尘埃散入大气层内，遮挡阳光，大地黑暗、寒冷，植物遭殃，包括恐龙在内的动物就会遇到生存危机。

当然，这样的事件再次发生的可能性非常小，因为各国天文学家们都在监测地球附近的直径为300米至1000米的小行星，并分析预测它们的轨道。

科学家一旦发现可疑的危险小天体，在它离地球还有一段距离时，就会提前采取相应方法改变小行星的轨道，例如，发射人造天体，靠近并推动小行星改变轨道，或在小行星表面安装一个类似发动机的装置，改变小行星的轨道。如此一来，人类就不用太担心啦！

小行星撞击地球效果图

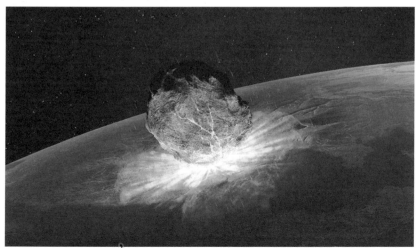

彗星和流星体

彗星是太阳系中尺寸能变得比太阳还要大的天体，而且和我们喜欢欣赏的流星雨有关。关于彗星的记录很早就有，在世界范围内得到公认的最早关于哈雷彗星的记录可以追溯到《史记·秦始皇本纪》，该记录显示，秦王嬴政七年（公元前240年）时，出现过彗星的光芒。这一记录相较于国外最早的古罗马时期的记录还要早228年。

彗星，看起来像扫帚，因此古代中国人将彗星称作扫帚星，而古希腊人将其称作"带发的星"。古人因为不清楚彗星具体是什么，所以认为彗星出现是不祥之兆，预示着天灾降临，因此

夜空中的彗星

对彗星充满恐惧。其实，彗星只是一种普通的天体，不会对地球上的人和事产生任何影响。

那么彗星是如何诞生的呢？早期太阳周围存在一个盘，盘上的物质颗粒相互碰撞，大部分物质最后形成了行星和卫星，还有些残余的物质就凝结成了彗星。

彗星就像是混着尘埃（泥巴）的大雪球，由岩石、尘埃、沙砾以及氨、二氧化碳、甲烷和水冰混合而成。天文学家们发现，彗星中存在一些含碳元素的化合物，这类化合物是孕育生命的关键因素之一。因此，有猜测认为，生命可能起源于彗星。

彗头和彗尾

一般情况下，彗星由彗头和彗尾组成。彗头的中心是最关键的部分，被称作彗核。彗核一般认为是由石块、铁、尘埃、甲烷、冰块等组成的固体。彗核不大，一般在几千米到几十千米之间，最小的只有几百米。彗核周围存在一些气体和尘埃颗粒，就像云雾一样，被称作彗发。而彗尾就是背向太阳的那面出现的尾巴，主要成分和彗发相似，也是气体和尘埃。

彗星的亮度和形状，会随着距离太阳的远近而发生变化。因为彗发和彗尾是由彗核物质蒸发而成的，大颗粒就多留在彗发区域，而小颗粒多被吹至彗尾区域。当彗星靠近太阳时，彗发变亮、变大，直径甚至能比地球还要大数十倍。当彗星继续靠近太阳，在距离太阳约2倍日地距离时，彗尾开始出现，逐渐变大、变长；当彗星远离太阳时，彗发变暗、变小，彗尾变短。

需要强调的是，彗尾的变短不是说彗星的尾巴收回去了，而是由彗星远离我们导致的。一方面，太阳风没有办法继续将彗核上的物质吹出来，就没有新的彗尾长出来；另一方面，彗尾上的尘埃颗粒留在彗星走过的轨道上，反射的太阳光越来越弱，于是，彗尾就消失在我们的视野中。

周期彗星和非周期彗星

有一类彗星通常在压扁的大椭圆轨道上围绕太阳转动，绕转一圈使用的时间有长有短，长则达数千年甚至几万年，短则几年，它们是周期彗星。除了周期彗星外，还有一类非周期彗星，顾名思义，就是不会定期回来看太阳的彗星。周期彗星走的轨道是椭圆形的，而非周期彗星走的轨道不是椭圆形的，更像抛物线，也许经过太阳后就一去不复返了。

天文学家们认为，需要很长时间才绕太阳转一圈的周期彗星可能源于一个被称作奥尔特云的地方。奥尔特云是1950年荷兰天文学家奥尔特提出的一种理论，他认为，奥尔特云在外太阳系，其到太阳的距离是地球到太阳距离的3万多倍。奥尔特云是一种假设，还没有直接的观测证据。

　　针对短时间内（几年到几百年）能绕太阳转一圈的周期彗星，美国天文学家柯伊伯提出，它们的"家"可能在海王星之外，更确切地说，是距离太阳30AU至100AU的区域，这块区域被称作"柯伊伯带"。目前，天文学家们已经发现多颗柯伊伯带天体，其中有部分天体与彗星性质相近。

　　而那些非周期彗星很有可能是太阳系外的一颗天体，无意中闯入了太阳系。由于受到行星的影响，彗星所走的道路并非一成不变。也许，一颗走椭圆形轨道的周期彗星因受到行星影响而加速，不再围绕太阳转动，所在的轨道变成了抛物线，于是就成了一颗非周期彗星；一颗非周期彗星也有可能成为一颗周期彗星；周期彗星围绕太阳的转动周期也有可能发生变化。

彗星和流星雨

　　流星不是天体，而是一种现象，产生它的天体被称作流星体。流星体进入地球大气层，压缩前方空气，因发生剧烈摩擦而燃烧，产生的光迹便使我们看到了流星这一现象。

　　初步认识流星之后，再来认识流星雨。大行星比彗星质量大得多，当彗星经过大行星时，大行星产生的引力会使得彗尾的残余物质慢慢散布在整个彗星轨道上。当地球穿过彗星轨道的尘埃颗粒群时，轨道上的一群流星体会进入地球大气层，使得我们在对应时间内看到更多的流星，一个小时内

能看到几颗、几十颗流星，甚至更多，这便是流星雨。

流星雨中的流星看起来像是从同一个点发出的，于是我们就可以根据这个点所在的星座为流星雨命名。例如，每年7月20日至8月20日前后出现的流星雨被称作英仙座流星雨，就是因为流星雨中的流星看起来像是从英仙座γ星发出的。

当然，我们要想欣赏到一场美丽的流星雨，还得前往灯光污染很弱的野外。我们不要认为流星雨如同影视剧中呈现的那样——一颗颗"唰唰"地划过天空，其实，流星划过天空的频率没有那么高。

流星体不一定是彗星尾巴残留的物质。其实，流星体本质上就是太阳系内颗粒状的碎片，直径在0.1毫米至10米之

美丽的流星雨

间。流星体既可以是彗尾残留的尘埃颗粒，也有可能是小行星碰撞时出现的尘埃碎片，还有可能是来自卫星或大行星的尘埃颗粒。

　　大多数流星体进入大气层后就会消失殆尽，也有一部分流星体在燃烧之后仍存留一些残骸，掉落在地球上成为陨石。目前，天文学家们已经发现来自月球、火星、小行星、彗星等的陨石，由于小行星和彗星携带着太阳系诞生早期的信息，天文学家们通过研究陨石，就能追踪它们曾经的母天体性质如何，也为探究太阳系的过去提供了可能。

天文学家们如何探索**太阳系**?

如果天文学家们不利用各种方法对太阳系进行研究，我们就无法深入地了解太阳系。那么天文学家们利用了哪些方法来探索太阳系的秘密呢？我们将探测方法分成三大类：观测来自天体的光、分析飞来的陨石、发送探测器近距离探究。

第一类，观测来自天体的光。前面我们讲过光能帮助我们揭示宇宙的奥妙，当然我们也能利用光帮助我们了解太阳系。当光被巧妙地解读之后，它能向我们揭示近则有关太阳系内的天体，远至有关百亿光年外的星系、黑洞等的奥秘。

我们肉眼所能见到的光，仅占"光家庭"的一小部分。如果我们在晴朗的天气背对阳光喷洒水雾，就能看到人造彩虹。彩虹的颜色，是太阳光中的可见光被小水滴色散出来的。可见光中，波长越短，颜色越蓝；波长越长，颜色越红。

天体在各个波长处的光有多强，可以用光谱来表示。光谱能反映天体的状态，例如温度、元素、电子密度、压强、运动情形等。通过太阳的光谱，天文学家们知道太阳的表面温度约5700开尔文，组成成分中质量比例最高的是氢元素，占据70%，其次是占比28%的氦元素，还有其他多种元素。

第二类，分析飞来的陨石。陨石主要来自火星和木星间的小行星带，还有小部分来自月球、火星和彗星。小行星、彗星等小天体，由于体积和质量小，容易降温，诞生后不久便停止活动，因此不会引发火山喷发或板块移动等，从而较好地保存了诞生时的信息，也就是太阳系早期的信息，因此它们被称作太阳系的化石。

陨石保存着自身形成时的密码以及所经历的历史，因此，天文学家利用陨石就能在实验室里高精度地分析获取小行星、月球、火星和彗星的物质成分，进而了解太阳系的过去。

第三类，发送探测器近距离探究。观测来自天体的光，获取的信息有限；守株待兔般地等待陨石到来再分析，局限性较大。如果想要更清楚地认识太阳系，我们还需要近距离地探究，这是人类的梦想。我们可以直接发射探测器对靠近地球轨道的天体进行近距离观测，但对于其他恒星和星系，这种方法就不太适用了，因为距离实在太远了。

陨石坑

人类的探测发展史

目前，人类针对除地球之外的太阳系内的天体进行探测，在100年内已开展了200多项计划。随着行星探测的发展，行星科学的研究领域也得到了拓展。

中国的"嫦娥工程"分"绕、落、回"三步走，即绕月、落月和从月球取样返回。而行星探测通常分四步走，在"绕、落、回"之前还有"飞掠"这个步骤，即在靠近天体时拍照，保留一些在远处无法观测到的细节。"飞掠"，即表示探测器近距离观测行星的时间有限。"落"可以细分为"着陆"和"巡视"。

为了更长时间地观测天体，我们需要让探测器围着天体绕转。"卡西尼号"探测器从2004年进入环绕土星轨道后，持续工作到2017年，发现了很多土星环的细节，揭示了丰富的土卫世界，发现土卫六（环绕土星运行的一颗卫星，是土星卫星中最大的一个，也是太阳系第二大卫星）和土卫二（土星的第六大卫星，也是太阳系中最亮的卫星）的地下可能存在一个液态海洋，其他卫星的样子像土豆、肉丸子、海绵、核桃，还有脏雪球等，形态各异，大小不同。

比绕转（绕）更进一步的是着陆（落），着陆包括探测器着陆和宇航员登陆。人类探测器成功着陆的星球，包括月球、金星、火星、土卫六，还有小行星。返回也有两层含义，一是探测器携带着采集的样本返回；二是宇航员也能安全返回。目前，人类成功登陆的星球，只有月球，下一个目标是火星。

1970年，苏联发射的"金星7号"成功在金星上实现软着陆，并传回金星表面温度等资料。2005年1月，"卡西尼号"携带的"惠更斯号"着陆器在土卫六上登陆，成为首个在月球之外的天然卫星上成功登陆的探测器，并拍摄了土卫六地表的照片。

对于火星，人类的探测任务已经成功实现了环绕、着陆和巡视。1960年，苏联向火星发射了"火星1A号"探测器——这是人类探测火星的开端。1964年，美国成功发射"水手4号"火星探测器——这是历史上首个成功到达火星的探测器。从1960年的"火星1A号"到2018年"洞察号"，人类共进行了45次火星探测，包括环绕、登陆、巡视，其中成功率仅50%。

截至2021年2月17日，火星上共有4辆火星车，其中，"旅居者号"火星车是1996年着陆，已经停止工作；"勇气号"火星车和"机遇号"火星车是2004年着陆，都已经停止工作；"好奇号"火星车是2012年着陆火星，目前还在工作。2021年2月18日下午，美国"毅力号"火星车成功登陆火星，成为美国国家航空航天局（NASA）第5个成功登陆的火星车。其搭载的"机智号"直升机于2021年4月19日完成了首个火星表面的航空器飞行壮举，创造了火星上的"莱特兄弟

时刻"。需要指出的是，在所有的火星车中，"机遇号"火星车行驶距离最远，超过了40千米。

2020年，我国通过"长征五号"发射火星探测器"天问一号"，并通过一次发射实现火星环绕、着陆和巡视探测。2021年2月10日，"天问一号"成功进入火星轨道；2月24日，"天问一号"实施近火制动，进入火星停泊轨道；5月22日，"祝融号"火星车已安全驶离着陆平台，到达火星表面，开始巡视探测。我国成为除美国之外第二个掌握火星着陆巡视技术的国家。

你不知道的发射真相

我们经常从新闻报道中听到或看到某某航天器发射成功，可是你知道发射也有不同方式吗？不同的发射任务，发射窗

火星上正在工作的火星车

口不同，也就是说，允许火箭和航天器发射的时间范围不同。

如果发射的航天器只需进入地球的任意轨道，那么几乎可以在任一时间发射。如果发射的航天器必须与在轨的太空站或其他航天器会合，则最好在目标物的轨道面通过发射点上空时进行发射，因为两个航天器在同一个轨道平面中飞行，比较容易会合。

如果要抵达其他行星，为了节省燃料，可以使用霍曼转移轨道的方法，只需两次引擎推进，就能将航天器从一个低轨道加速到一个高轨道。这种变换航天器轨道的方法因提出者德国物理学家瓦尔特·霍曼而得名。

由于太阳、地球和其他星体的相对位置在不断变化，即使发射同一类型、同一轨道的航天器，发射窗口也是不固定的。太阳系的八大行星中，火星的会合周期最长，因此其发射窗口出现的机会也最少；其次是金星，它的会合周期约584天。水星发射窗口出现的次数最多，每隔116天就出现一次，其他行星的会合周期基本上是一年左右。

航天器的发射窗口一般分为年计窗口、月计窗口和日计窗口。年计窗口指确定某年中连续发射的月份，适用于行星际探测任务，如哈雷彗星探测器；月计窗口指确定某个月内连续发射的天数，适用于行星和月球探测任务，如月球探测器、火星探测器等；而日计窗口指确定某天内可以发射的时刻范围，适用于卫星、空间站等。

还有一种窗口被称作零窗口，指在预先计算好的发射时

间，将航天器发射升空，不允许有任何延误或变更。目前，中国在西昌卫星发射中心发射升空的所有探月卫星，均实现了零窗口发射。

那么，该如何确定发射窗口呢？这需要根据约束条件来确定飞行轨道与特定对象（如太阳、月球和交会对象等）之间的相对位置，同时也要选择适当的发射环境条件等。对于一般卫星和导弹的发射，只需选择日计发射窗口就可以了。对于发射行星际探测器（如彗星探测器）和航天飞机等，通常要同时选择年计、月计和日计发射窗口。

航天器最终的发射时间总是由日计发射窗口确定的。对运载火箭本身来说，没有太严格的发射窗口限制。不过，在进行运载火箭发射试验时，为了达到比较好的观察和跟踪测量效果，希望使反射阳光的箭体与背景天空形成较大的反差，因此一般选在傍晚或黎明前发射。

探测器如何应对极端条件？

探测器发射成功后，并不意味着从此"一帆风顺"，那么太阳系中的探测器如何应对太空中的极端条件呢？探测器在发射过程中会遭受剧烈摇晃和极强的震动，发射后可能会遇到极端高温、极端低温，而且会遭遇强辐射，实在是"命途多舛"。

太阳系中的极端温度范围很广，从星际空间中的零下几百摄氏度到靠近太阳的几千摄氏度不等。因此，我们需要给探测器安装隔热系统、防高温系统或降温系统。

例如，2018年8月发射的"帕克太阳探测器"希望"触摸"太阳最外层的大气层——日冕层，探究太阳风。帕克望远镜最近能到距离太阳表面240万千米处，那里温度达百万摄氏度，但粒子密度很低，不到地球大气中粒子密度的百亿分之一，短时间内传输到帕克望远镜表面的热量不多，不会使其表面温度上升得很快，保证外壳温度被控制在一定范围内。因此表面能承受1400摄氏度的帕克望远镜才敢去"触摸"日冕层。

帕克望远镜的另一个生存秘诀是，它身上带的12厘米厚碳复合隔热罩起到了很好的降温作用，可以使保护罩下的设备仪器处在舒适的温度范围内。

探测彗星的"罗塞塔号"探测器也很"聪明"，身上安装了一个百

"天问一号"火星探测器发射升空的场景（图片来源：国家航天局新闻宣传中心张高翔）

叶窗作为散热器，当探测器位于高温的内太阳系时，百叶窗打开，散热器将多余的热量排放到太空中；当探测器在外太阳系时，温度较低，百叶窗关闭，有助于保存内部的热量。

除了温度变化，太空中的强辐射也是极端恶劣条件之一。为了确保探测器中的集成电路和计算机在空间辐射的环境中能继续工作，科学家还需要设计某种方式屏蔽辐射，或检测空间辐射产生的误差并纠正它们。

那些高速运动的尘埃粒子给太阳能电池板带来的撞击，该如何避免呢？小剂量的粒子撞击很难避免，但面对大剂量的尘埃粒子群，科学家们能及时预测，并做好应对准备。在狮子座风暴期间，科学家们让哈勃空间望远镜转向，使得它的电池板被尘埃粒子碰撞的表面积达到最小。

"帕克太阳探测器"接近太阳

　　以上针对的主要是无人探测器，如果是载人探测器，那就必须提供适宜的引力环境，维持氧气、水和食物的供应，保证宇航员在探测器、太空站或着陆时安全无恙。如今，载人探测器成功登陆的星球只有月球，但是人类还在努力，未来就在前方。

天文"补给站"

　　1. 太阳半径：从太阳中心到光球层边缘的距离。

　　2. 主序带：在颜色－光度图（即赫罗图）上一条从左上角到右下角连续分布的恒星带，其上的恒星称为主序星。主序星内部进行着稳定的核聚变过程。

　　3. 红巨星：表面温度低、颜色偏红的矮星，对应温度较低的 M 型及 K 型的主序星。

　　4. 黑矮星：类似太阳质量大小的白矮星继续演化的产物，其表面温度下降，停止发光、发热。

　　5. 极直径：连接天体南北两极方向的直径大小。

　　6. 绝对温度：一般指热力学温度，是国际单位制七个基本物理量之一，符号为 K。绝对零度（0K）对应零下 273.15 摄氏度。

　　7. 干冰：一种固态二氧化碳。

　　8. 水冰：一种固态水。

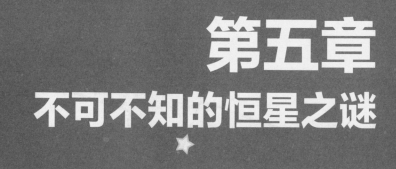

第五章
不可不知的恒星之谜

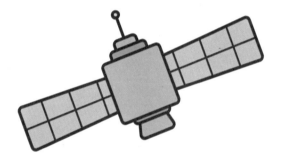

什么是恒星？

　　我们对恒星并不陌生。古代的人对恒星早就有直观的认识，如《三字经》中说"三光者，日月星"。从直观上看，恒星的星光比月光弱得多，更不要说和日光相比了。但是，随着对自然世界的认知逐渐加深，人类开始意识到，天上那些发出暗弱光芒的星星绝大多数是和太阳一样的恒星，剩下

目前已知的银河系中最致密的星团——圆拱星团（图片来源：NASA）

的是金星、火星之类的行星。恒星之所以看上去很暗，是因为它们距离地球太远了。

星星距离人类是如此遥远，那我们该如何认识和研究它们呢？庆幸的是，太阳是距离地球最近的恒星，是人类研究恒星的绝佳对象。

恒星是一种天体，而且是由引力凝聚在一起的一颗球型发光体。恒星和其他天体最大的区别是，恒星可以自己发光。相比之下，月亮和金星虽然也很亮，但是它们的光其实是反射太阳的光得来的，自己并不具备发出可见光的能力。

恒星发光的奥秘与它的温度有关。恒星是一种温度很高的天体。太阳的表面温度近6000摄氏度，而在太阳的核心，温度更是达到了一千万摄氏度。如此高的温度意味着构成太阳的物质并不是以我们日常所见的状态存在的。

在太阳中，我们看不到地球上经常出现的固态、液态、气态等物质，所有的物质都被高温加热成等离子体。太阳的化学组成和地球大相径庭。地球上占比最高的三种元素分别是铁32%、氧30%、硅15%，而在太阳中则是氢71%、氦27%。

另外，恒星是一类非常巨大的天体。太阳的直径相当于地球直径的109倍，质量相当于地球的33万倍。如果把太阳的内部全部挖空，只留表皮，那么需要130万个地球才能塞满。

太阳为何能发光发热呢？太阳看上去就像一个正在燃烧

的火球，不过，太阳发光的能量来源并不是我们生活中所见的燃烧，而是更加高效的核聚变。在太阳的核心，温度极高，压力极大。在这样的极端环境里，四个氢原子可以聚变成一个氦原子，同时释放出大量能量。一千克氢聚变所释放的能量相当于燃烧四千吨石油，如此高效，确实是物质燃烧所远远不及的。

因此，太阳的核心就像一个核工厂，源源不断地输出能量。这些能量从恒星的中心向外传播，最后以光的形式从恒星的表面发射出来，变成我们看到的星光。

从地球上通过望远镜拍摄到的天狼星，它是（除太阳外）人眼所见最亮的一颗恒星

天上有多少颗恒星？

　　天上有多少颗恒星呢？这差不多是每一个见过星空的人都会问的一个问题。想要回答这个问题，最直接的方法就是——数一数，然而，天上的星星太多了，数起来异常困难，恐怕没有多少人真的去做这件事情。

　　要想做好数星星这件事，除了需要极大的毅力和高度的专注之外，还要求有非常好的视力。如果一个人的视力比较差，那么他能看到的恒星恐怕一只手就能数完。

　　然而，生活在2100多年前的古希腊天文学家喜帕恰斯就做到了。他拥有非凡的视力和惊人的毅力，能够看到别人看不到的天体，真的把满天的恒星都数了一遍，而且全部记载了下来。因为在他所处的那个时代，几乎没有灯光污染，很多暗的恒星也可以用肉眼看到。公元前134年，喜帕恰斯绘制了一个包含1025颗恒星的星图，详细地记载了这些恒星的位置。然而，他对天文学最大的贡献却不是这个星图，而是提出了星等的概念。

　　天上的恒星有的明亮，有的暗弱，要如何来描述它们的亮暗关系呢？喜帕恰斯将他看到的所有恒星根据亮度分成六等，其中一等星最亮，六等星最暗。同时还规定，一等星要

比六等星亮100倍。之后他又发现，六个等级的亮度并不能描述所有天体的亮度，因此，引入了"负星等"概念。

于是，我们对看到的所有天体的亮度都可以用星等来描述，比如，牛郎星为0.77等，织女星为0.03等，太阳为-26.7等，满月为-12.8等，金星最亮时为-4.89等，除了太阳之外，最亮的恒星——天狼星为-1.44等。

我们肉眼看到的亮星很少，暗星非常多，对于视力不好的人来说，能看到的恒星其实非常有限。如果在理想环境下，比如晴朗且没有月亮的夜晚，人们肉眼可以看到六等的恒星，能观察到平均约3000颗星星。由于我们观测到的其实是半个天球的星星，所以整个天球能被肉眼看到的星星约有6000颗。如果借助望远镜，能看到的恒星将会更多。

恒星在天球上如何**分布**?

　　天上的恒星如此之多，想要把它们区分开来一一识别可不是一件容易的事情。早在远古时代，人类就发现恒星总是"三五成群"地出现在天空中，很有规律。于是，他们大开"脑洞"，将这些恒星组成的简单图案想象成日常生活中的人和物，并据此起了名字。这套方法在古希腊被叫作星座，在古代中国则被称为星官。

　　以猎户座为例，猎户座是最有特点的星座，其中的3颗

🚀 猎户座（图片来源：Stellurium 软件）

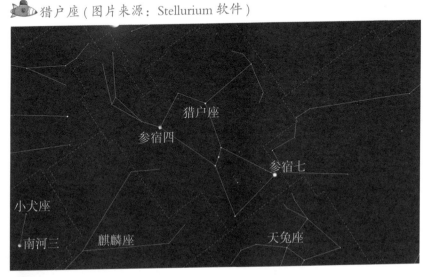

亮星以等间距一字排开，我们一眼就可以从满天繁星中发现它们。古希腊人把这三颗星看成猎户的"腰带"，把周围的四颗亮星看成猎户的"肩膀"和"膝盖"，再加上几颗暗星组成的"棍棒和盾牌"，一个全副武装的"猎户"就这样出现在夜空中了。

在想象力方面，我们的祖先可丝毫不逊色于古希腊人。在中国传统的星官系统中，最有名的莫过于北斗七星了。北斗七星由七颗明亮的恒星组成，在北边的天空中排列成斗（或勺）形，很容易就能被观星者辨认出来。

在古代，北极星被想象成天帝，而北斗七星就是天帝出巡天下所驾的御辇。人们也把北斗七星斗柄方向的变化作为判断季节的标志之一，一年由春开始，而此时北斗在东，所以天帝是从东方开始巡视天下的。

北斗七星

恒星在宇宙中如何分布?

两个恒星之所以被放在一个星座中，最主要的原因是它们看上去距离非常近，然而，它们之间的真实距离一定会让你大吃一惊。猎户座腰带上的三颗恒星，看上去排列紧密，相距应该不会太远，其实，它们到地球的距离分别是800光年、900光年和1300光年！任意两颗恒星之间的距离都超过了100光年！

在古代传说中，牛郎星和织女星每年农历七月初七的时候会在鹊桥相会。在真实的宇宙中，织女星距离地球25光年，牛郎星距离地球16光年，而这两颗恒星又分居银河两岸，它们之间的真实距离超过10光年呢！这就意味着，牛郎星"骑着光"去见织女星一面至少要10年，所以，一年一会的事情绝不可能发生。

因此，星座也好，星官也罢，它们中的很多恒星并不是真实的恒星集团，只是在天球上的投影效应罢了。那么，到底存不存在一个真实的恒星集团呢？答案是肯定的，这种真实的恒星集团，就是星团。

星团大致可以分为两种，一种叫球状星团，另一种叫疏散星团。球状星团是数万颗至数百万颗恒星聚集在10至30光

球状星团

年直径的空间中，外观大致呈圆形的恒星集团。位于人马座的M69就是一个非常典型的球状星团。球状星团中的恒星年龄都很大，有些球状星团早在一百亿年以前就已经形成了。

与球状星团不同，疏散星团并没有规则的形状。在高达30光年直径的区域内，最多只有数百颗恒星，恒星的数目非常低。位于金牛座的昴星团就是一个肉眼可见的疏散星团。疏散星团中的恒星都很年轻，有的甚至小于一亿年。

这些恒星在宇宙中聚集成团并非偶然，同一星团中的恒星往往都是在同一片分子云中诞生的，具有相同的年龄。这些恒星就像是兄弟姐妹一样，而星团就可以看成由恒星组成的大家庭。

在人类的世界中，一个个家庭组成了村镇和城市，一个

昂星团是一个肉眼可见的疏散星团

个村镇和城市又组成了国家。在恒星的世界中，一个个星团按照特定的规律组成了更大的恒星集团——星系。天上最著名的星系，就是我们在夜空中所看到的银河。和夜空中的其他区域不同，银河是一条发着银色光辉的雾状带。在中国古代，它被想象成一条泛着浪花的"天河"；而在古希腊，它又被说成一条流淌着乳汁的"奶之河"。

1609年，伽利略第一次将天文望远镜指向了银河。通过天文望远镜，他发现银河其实是由一颗颗恒星组成的，只是因为恒星实在是太多、太密了，因此就像一条发光的长带。

随着技术的进步，天文学家逐渐了解了银河系本来的样子。银河系是盘状的，是包含约一千亿颗恒星的巨大的恒星集团。银河系非常大，盘面的直径大概为10万光年，太阳系

就在距离银河系中心2.6万光年的盘面上。因此，当我们沿着银河系的盘面看出去，银河系在天球上的分布就变成了一条长长的光带。

银河系并不是宇宙中唯一的星系，仙女座星系也是众星系之一。仙女座星系的视星等为4.36，在比较黑暗的天空中肉眼可见。和其他的恒星不同，仙女座星系看上去像一团云而不是一个点，因此在过去也被叫作仙女座星云。在很长一段时间里，仙女座星系一直被当成银河系内的天体，其实，它距离地球250万光年，远远超过了银河系的大小，是一个河外星系。

宇宙中可能有多达几千亿个星系，每一个星系中包含数以亿计的恒星。整个宇宙中的恒星总数多到难以想象，太阳也仅仅是"沧海一粟"。

仙女座星系

恒星都是一样的吗？

太阳是距离地球最近的恒星，因此人类首先通过研究太阳来了解恒星。然而，恒星与恒星之间其实千差万别，太阳并不能代表全部恒星。

在天文学上，天体的亮度用星等表示。星等有两类，一类是视星等，用来描述我们观测到的天体的亮度。视星等的确定与天体到我们的距离有关。

月球是地球的一颗不发光的卫星，它的绝对亮度肯定没有织女星这种恒星亮的。然而，月球离地球最近，所以满月时的视星等是–13，而织女星的视星等是0，这样进行比较，对织女星很不公平。那么如何去表示一个天体的真实亮度呢？这就要用到绝对星等。

绝对星等，其实就是把一个天体放到距离观测者32.6光年处测得的亮度。这时所有天体的距离都一样了，绝对星等和真实亮度也就完全等价了。

根据上述定义，太阳的绝对星等是4.83，而织女星的绝对星等是0.58，足足有40个太阳那么亮。从绝对星等上进行比较，太阳彻底败给了织女星。牛郎星的绝对星等是2.21，天狼星作为最亮的恒星，名字也很霸气，然而其绝对星等只

有1.42，还是不如织女星。

难道织女星真的就是肉眼可见的绝对星等最亮的恒星吗？当然不是，位于猎户座肩膀上的参宿四，名字平平无奇，远没有前面几颗恒星的名字响亮，然而它却是天上不折不扣的"巨星"，其绝对星等是-6.05，亮度是太阳的14万倍。位于天蝎座的心宿二，又名大火，其绝对星等是-5.28，亮度是太阳的6万倍。

由于恒星在亮度上存在巨大差异，因此，天文学家根据绝对星等对恒星进行分类，可分为矮星、亚巨星、巨星、亮巨星、超巨星等。人类世界中无比重要的太阳，其实只是一颗矮星而已。

比较了恒星的亮度，我们再来看看恒星的半径大小。太阳到底有多大？它的半径是地球的109倍。太阳已经这么大了，那天上的其他恒星到底有多大？是不是在所有的恒星当中太阳算是个头比较大的那一个了？当然不是。

我们可以通过肉眼观察到太阳的大小，但是由于其他的恒星离地球太过遥远，用肉眼很难观察到，即便借助天文望远镜来看，这些恒星也只是一个个发光的亮点。于是，天文学家用计算的方法来观察这些恒星的大小。

天文学家发现，恒星的亮度和恒星的大小是紧密相关的。恒星的个头越大，就意味着它的发光面积越大，它的亮度也越高。因此，知道了一颗恒星的绝对星等，它的半径也就不难算出了。

织女星比太阳要亮40倍，它的半径也更大，是太阳半径的2.3倍。牛郎星的光度不如织女星，半径只有太阳半径的1.6倍。天狼星的情况也类似，半径只有太阳半径的1.7倍。

在之前的光度的比较中，"夺得冠军"的是参宿四，它的半径自然应该是最大的。它的半径是太阳半径的1180倍！至于光度稍低于参宿四的心宿二，它的半径是太阳半径的882倍。

恒星除了在光度和大小上有差别，颜色的差别也很大。我们肉眼观测到的太阳的颜色是黄色，但是由于其他的恒星实在太暗了，我们想要确定它们的颜色，就需要借助专业的望远镜。根据天文学家观测的结果，狮子座中最亮的轩辕十四是蓝白色的，位于猎户座肩膀上的参宿四是橙红色的，织女星是白色的，牛郎星也是白色的。

为什么恒星会有各种不同的颜色呢？这些颜色到底意味着什么？其中的奥秘，就在于恒星的表面温度。

恒星发出来的光不是单色的，而是多色的。1666年，牛顿用三棱镜将太阳光分解出红、橙、黄、绿、青、蓝、紫7种颜色。我们所看到的太阳光其实是这7种光的组合。不过，这7种光有强有弱。太阳的表面温度是5500摄氏度，它发出来的黄绿色光比其他频率的可见光更强，再综合人眼观测的因素，所以我们看到的太阳就是黄色的。

参宿四的表面温度比较低，只有3200摄氏度，它发出来的红色光最强，因此看上去是红色的。因为织女星和牛郎星的表面温度达到了10000摄氏度，发出来的蓝光比其他恒星强，所以这两颗星的颜色是白色的。而轩辕十四的温度就更高了，将近15000摄氏度，发出来的蓝光也更强，因此这颗恒星呈现蓝白色。

由此可以看出，红、橙、黄、绿、青、蓝、紫7种颜色的光与温度其实是一一对应的。温度越高，颜色越靠近蓝紫色；而温度越低，颜色就越靠近红色。对于温度更低的物体，比如人体，只有37摄氏度，对应光的颜色应该比参宿四更红，也就是红外光，不过这种颜色已经大大超出了人类的可见范围。

恒星对比图

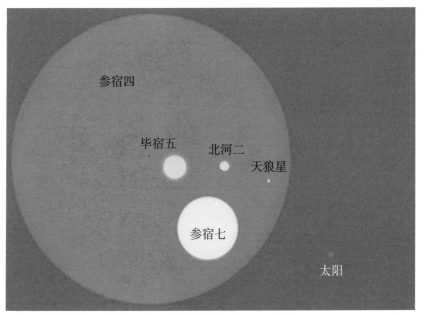

在没有温度计的古代，炼铁工匠就是通过观察熔炉的颜色来判断熔炉是否达到合适的温度。而在现代生活中，电视机和电脑显示器的颜色也习惯用色温来表示。如果你喜欢偏蓝的颜色，那么就调高色温；如果你喜欢偏红的颜色，那么就降低色温。

恒星是**恒定**的吗？

　　从字面上看，恒星应该是一种相对稳定的天体，然而随着观测技术的提升，天文学家逐渐发现，恒星并不怎么恒定。恒星的位置不是恒定的，而是在不停变化的。我们在地球上观测到恒星的位置变化其实是由两个原因引起的，一是地球运动引起的，二是恒星本身运动引起的。

　　首先，地球的自转效果最为明显。因为地球不停地自西向东转，所以，天上的恒星就和太阳一样有了东升西落。其次，地球绕太阳的公转也会导致恒星的位置发生变化。地球到太阳的距离有1.5亿千米，所以地球现在的位置和半年后的位置相差3亿千米。我们现在观测到的一颗恒星的位置和半年后的位置是不同的。

　　此外，恒星在宇宙中也在不停地运动，就像太阳系中的行星围绕着太阳运动，银河系中的恒星，包括太阳在内，也在万有引力的作用下围绕着银河系的中心运动。

　　虽然几乎所有的恒星都在围绕着银河系的中心运动，但是它们的运动速度并不相同。这就导致这些恒星相对太阳就不是静止的，会有相对的运动。这样的相对运动在地球上的我们看来，就是这些恒星在天球上的位置发生变化。这种位置变化叫作自行。恒星的自行和视差一样，非常小，不容易被察觉。

恒星的位置会随时间发生变化，光度也会变化。《小星星》这首儿歌里的"一闪一闪亮晶晶"就是描述天上的星星会闪烁的现象。然而，这种闪烁现象并不是恒星本身在闪烁，而是星光在经过大气的时候，由于大气中气流的运动，部分星光的方向发生了改变，就有了忽明忽暗的效果。

实际上，除了地球大气造成的影响，有一类恒星，它们的光度确实是会变化的，这一类恒星就叫变星。第一种变星叫作食变星。这种变星其实是由两颗恒星——一颗较亮的主星与一颗较暗的伴星，组成的双星系统。在引力作用下，两颗恒星互相绕转的时候，其中一颗恒星可能会挡住另一颗恒星发出来的光。当两颗恒星没有发生重叠时，总光度是两颗恒星各自光度之和；而当两颗恒星发生重叠（通常称为掩食）时，两颗星的总光度会比之前有所降低。因此，从观测上看，随着两颗恒星的运动，它们的总光度会发生有规律的周期性变化。

　　第二种变星叫作脉动变星。脉动变星的变化主要来自恒星规律性的膨胀和收缩。恒星的光度与表面积有关。恒星膨胀的时候，表面积会增大，从而导致恒星光度增加。脉动变星中最有名的一类是造父变星，它的光变周期（即亮度变化一周的时间）与光度成正比。通过观测这类恒星的光变周期，就可以推算出这类变星的绝对星等，再结合观测到的视星等，这颗恒星距离我们到底有多远就不难判断了。仙女座星系之所以被判定为河外星系，最主要的原因是，在这个星系里面发现了造父变星，从而确定了星系的距离。因此在天文研究中，造父变星可以作为标准烛光，如天尺一般可以用来丈量宇宙。

　　第三种变星叫作爆发变星。这类变星的光度变化很突然，很剧烈。超新星就是一种爆发变星。超新星分为若干类，其中有一类叫Ia型超新星，这类超新星的绝对星等是相对稳定的，因此也可以作为标准烛光。

　　超新星的爆炸极其明亮，爆炸过程中发出来的光甚至可以照亮整个星系，可能持续几周、几个月，甚至几年，之后才会逐渐衰减。而在此期间，一颗超新星所释放的辐射能量可以与太阳在其一生中辐射的能量总和相当。

　　《宋史》记载，在1006年的春天，曾经有一颗超新星爆炸过。根据描述，这颗超新星的最高视星等可能达到-9，这就意味着当时的人们能够借助它的光芒在半夜阅读书籍。

超新星爆炸效果图

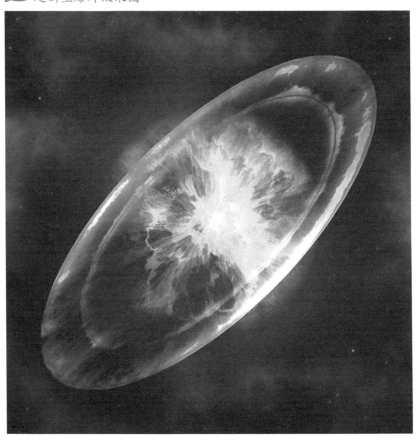

恒星是怎样**形成**的？

恒星的主要成分是氢和氦，这两种元素在宇宙中随处可见。然而，这些随处可见的气体想要形成炽热的发光的恒星，并不是一件容易的事情。

宇宙中的氢和氦非常稀薄，每平方厘米不到一个原子，而在地球上，同样的体积内会有一百亿个氦分子，在恒星之中，密度会更高。因此，恒星的形成，其实就是把这些稀薄的气体不断收集，然后压缩的过程。这个过程听上去很简单，但是要实现并不容易，像银河系这么一个拥有上百亿颗恒星的星系，平均每年也仅仅能形成一颗恒星而已。

这些稀薄的气体是如何聚集起来的呢？引力在其中起到了重要的作用。在引力的作用下，原本稀薄的气体会不断地靠近、聚集，密度逐渐升高，当气体的密度达到一定时，一系列化学反应就悄然开始了，而在这一系列化学反应中担任重要角色的是我们日常生活中能见到的物质——尘埃。

宇宙中的尘埃是一种体积非常小的固体颗粒，类似于地球上的雾霾。在生活中，雾霾对人类是有害的；在宇宙中，尘埃对气体是有益的。宇宙中尘埃的含量并不多，但是作用非常明显。这种固体小颗粒具有非常强的吸附能力，它们可以不断地将游离在宇宙中的氢原子吸附到自己的表面。在尘埃的表面，两个氢原子合成一个氢分子，并释放出去。

　　当原子气体都转变成分子气体之后，引力对它们的聚集作用就变得更加明显了，弥漫的原子气体变成浓密的巨分子云。巨蛇座的"创生之柱"就是一个非常著名的巨分子云，其中含有大量的尘埃，挡住了背景恒星的星光，形成了一片片的阴影。阴影之下的世界并不平静，引力引起的局域

巨蛇座的"创生之柱"

收缩会使巨大的分子云碎裂成一个个小的云团。而这些小的云团进一步收缩，最后形成一个密度很高的球状天体——原恒星。这就是恒星的胚胎。并非所有的原恒星都会演化成恒星，只有质量足够大的才可以。

恒星和其他天体最大的区别就是，恒星的中心会有核反应，而发生核反应的先决条件是要有足够高的温度。那么如何获取高温呢？秘诀就是加压。压力升高了，温度自然也就上去了，那么压力从何而来呢？靠自身的引力收缩。

引力的大小和质量有关。质量越大，引力就越大，对核心区域的压力也就越大。因此，只有那些质量足够大的原恒星，才有足够大的压力，中心才能达到足够高的温度，才能进行核反应，演化成为一颗真正的恒星。至于那些质量较小的恒星，它们被称为褐矮星。

当中心的核反应开始时，恒星开始进入主序阶段。"主序"一词源于一张非常著名的图。1911年，丹麦天文学家赫茨普龙将他观测到的恒星画在了一张图上，这张图的横坐标是恒星的颜色，纵坐标是恒星的光度。他惊奇地发现，这些恒星中的大部分落在一条窄窄的带子上。两年后，美国天文学家罗素也发现了同样的现象。后来，他们把发明的这种"颜色-光度图"命名为赫罗图，而赫罗图上那条窄窄的带子被命名为主序带，而落在主序带上的恒星被叫作主序星。

主序带的存在说明，恒星的温度和光度其实是存在一一对应的关系的。其关键要素是恒星的质量。一方面，引力的作用会使恒星收缩，质量越大，这个趋势越明显；另一方面，恒星内部的核反应在产热发光的同时，也会使恒星向外膨胀。恒星在主序阶段，这两个过程是平衡的状态。这就意味着质量越大的恒星，需要产生更多的热量以对抗引力，因此颜色越蓝，光度越高；相反，质量较小的恒星，则不需要那么多的能量，因此颜色偏红，光度也相应降低。这就是主序带的由来。

恒星一生中90%的时间都是在主序阶段度过的，我们肉眼看到的恒星，大部分是主序星。这一时间到底有多长，完全是由恒星的质量决定的，大质量的恒星往往只需要几百万年，而小质量的恒星则需要数十亿年。

太阳在恒星里面算是小的，因此它有长达一百亿年的寿命。从这个角度来看，我们应该庆幸太阳的质量不算大，如果把太阳换成织女星，恐怕地球上还没进化出生命，织女星就演化到晚期了。

恒星通过中心核区的氢元素聚变提供能量。尽管恒星中的氢元素含量非常庞大，但终究会有用完的一天，当这些氢元素被消耗殆尽，恒星就进入了生命的最后阶段。

这时的恒星中心主要是氦元素，其实这种元素也是可以发生聚变释放能量的。不过，它发生聚变的条件比较苛刻，需要更高的温度。这就意味着只有质量足够大的恒星才能提供高温条件开始新一轮的核反应。因此，大质量恒星和小质量恒星的"晚年生活"是完全不同的，大质量恒星之死如

"夏花般绚烂",而小质量恒星之死如"秋叶般静美"。

小质量恒星中心的氢元素被消耗殆尽后,因为没有后续的核反应,会在引力的作用下逐渐收缩,最后变成白矮星。白矮星是一种密度很高的天体,一个质量和太阳相当的白矮星只有地球大小,白矮星的表面温度高达10万摄氏度。然而,由于没有能量供给,白矮星会慢慢变冷,最终变成不发光的黑矮星消失在宇宙之中。

质量稍大的恒星的情况稍有不同,在核心的氢元素被消耗殆尽之后,它就开始燃烧氦元素。这时的恒星不太稳定,体积会膨胀,温度会降低,颜色会变红,就拿太阳来说,它演化到晚期就会变成红巨星,到那时,太阳的体积可以大到把整个火星轨道都吞进去,木星恐怕就成了距离太阳最近的行星了。质量和太阳差不多的恒星演化成红巨星之后,会将恒星外层的物质"丢"出去,形成行星状星云——一类非常

行星状星云 M27(图片来源:NASA)

漂亮的天体，而剩下的核心就是一颗白矮星。

质量比太阳大十倍的恒星，在红巨星阶段更加"不安分"，它们最终会变成超新星，以爆炸的方式结束自己的一生。这类恒星在爆炸之后，可能会留下一个致密的核心。如果这个核心的质量较小，那么它将会成为一颗中子星——一种质量和太阳相当、直径只有十公里左右的天体；如果这个核心的质量较大，那么它将成为这个世界上最特别的天体——黑洞。

【本章作者：冯帅，天体物理博士，目前在河北师范大学从事科研和教学工作。】

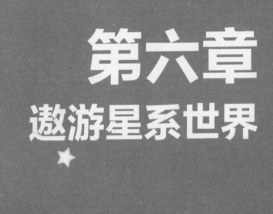

第六章
遨游星系世界

银河系的故事

　　夜晚，我们抬头仰望星空，映入眼帘的是一颗颗明亮的星星。如果在夏季，我们还能依稀看到一条乳白色亮带，那是银河。银河是由无数颗肉眼无法分辨的星星组成的，这些星星中的绝大多数都位于一个星系中，这个星系就是银河系。宇宙中有千亿个星系，银河系只是其中普普通通的一员。如果说宇宙像一个无边无际的大海，那么星系就像大海中的一座座小岛。

　　1609年，伽利略首次将天文望远镜指向了银河，发现银河是由无数恒星构成的。然而，在伽利略的时代，甚至在今天，我们仍然很难通过直观地观察银河来推测出银河系真实的样子。对银河系的形状首先做出正确推论的是英国天文学家托马斯·赖特和德国著名哲学家伊曼努尔·康德。他们猜想，银河系中的恒星整体上应该呈盘状分布，太阳也位于其中，这样就能解释为什么我们看到的银河像一条亮带了。但这只是基于哲学的猜想，并没有直接的观测证据。

恒星天文学之父

英国天文学家威廉·赫歇尔首先对银河系的形状作出定量估算。1773年，他对天文学产生了浓厚的兴趣，并开始自制望远镜。1781年，他在观测双星时发现了一颗新的行星——天王星。在威廉·赫歇尔的职业生涯中，他一共制作了400多架望远镜，其中最大、最著名的是一架口径40英尺（1.2米）的反射式天文望远镜，该望远镜成为之后半个世纪里全球口径最大的望远镜。最初，英国皇家天文学会会徽上的望远镜图案就是这架望远镜。

但这架望远镜操作起来并不是很方便，于是他和他的妹妹凯瑟琳·赫歇尔使用了另一架口径18.7英寸（0.475米）、焦距20英尺（0.6米）的天文望远镜，并展开系统性的巡天观测。

他们把全天分为683个天区，对每个天区的恒星进行观测计数。在上述观测的基础上，威廉·赫歇尔进一步假设恒星近似均匀地分布在银河系中，假设他所使用的望远镜能分辨银河系中的所有恒星，如果观测到某个天区内恒星越密集，那么这个方向上恒星空间分布延伸的范围就越大。他们发现，从不同方向看去，恒星的密集程度非常类似。

1785年，威廉·赫歇尔发表了天文学史上的第一个银河系模型，认为银河系是个扁平状的系统，虽然太阳也是银河

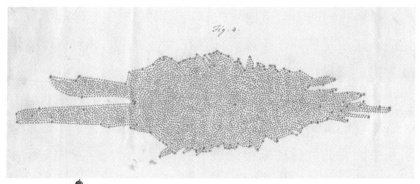

Fig. 4

🚀 威廉·赫歇尔基于恒星计数的方法所得到的银河系结构

系无数恒星中的普通一员，但它恰好处于银河系的中心。

但是，赫歇尔兄妹推导银河系模型所依据的假设是存在问题的。受星际尘埃消光的影响，他们的望远镜并不能看到所有的恒星。尽管如此，基于恒星计数法，他们首次确认了银河系呈盘状结构，初步确立了银河系的概念，而威廉·赫歇尔也被誉为"恒星天文学之父"。

认识银河系

银河系整体上像一个圆盘，圆盘的尺寸约10万光年，厚度约1万光年，太阳处在银河系这个圆盘的"郊区"位置，距离银河系中心约2.6万光年，绕银心旋转的速度约为每秒230千米，即绕行一周大约要2.3亿年。太阳几乎在银盘的中平面上，到中平面的垂直距离约为20光年。

如果我们向银心方向看去，会发现它的中心隆起了一个亮核，这便是核球，核球区域存在大量恒星，并且以年老恒星为主，质量约占银河系恒星总质量的1/3至1/2，有一个被称作"棒"的短棍状结构贯穿这个亮核。在棒的两端，各有一条壮观的旋涡一般的结构延伸出来，称作旋臂，不过，银河系中旋臂的数目还未得到最终的确定，天文学家们对于主旋臂的数目和结构仍存在争议。

银河系的主要悬臂（图片来源：沈俊太、李智、徐烨、李兆聿根据 NASA 的艺术想象图制作）

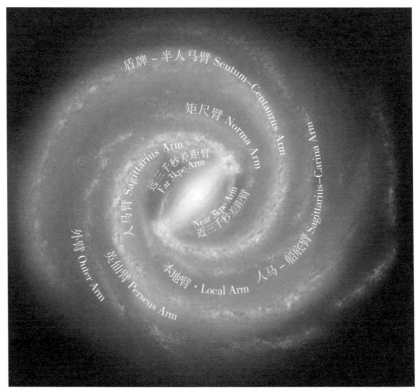

2010年，我国科学家参与的贝塞尔脉泽巡天计划正式启动，他们发现，依照到银河系中心的距离远近，分别有四条主旋臂从银河系中心缠绕延伸出来，即外臂、英仙臂、人马-船底臂和盾牌-半人马臂。也有观点认为，只有两条主旋臂——英仙臂和盾牌-半人马臂，其他的都是片段碎裂的小旋臂。

据估算，银河系总质量约为太阳质量的2.5万亿倍，而恒星的总质量约占银河系总质量的10%，即约为太阳质量的2500亿倍。通过间接的方式，科学家们还知道，在肉眼可见的银河系盘结构之外，还包裹着一个非常延展的晕，主要由暗物质组成，质量达太阳质量的万亿倍。这说明，宇宙中的暗物质比普通物质多很多倍。

银河系有多少颗恒星？

曾看到一个新闻，某数学老师要求学生数出1亿粒大米，这个任务被大家视为不可能完成的任务。如果要求直接计数，那么数恒星比数大米更困难。我们可以一粒一粒地对大米进行数数，同时，也可以把已经数过的大米与未数过的大米区分开。可是，恒星远在天涯，数目众多，而且，恒星有亮暗之分，肉眼所能看见的恒星只是视星等亮于六等的银河系内的亮星，这些仅是银河系内全部恒星的一小部分。而想要数其他星系里的恒星就更难了，即使借助望远镜，离我们最近的仙女座星系中的大部分恒星也是没法被分辨出来的，能被分辨出的只是星系边缘的一些亮星以及星系中的明亮变星。

因此，我们只能用间接的统计方式来计算银河系中的恒星数目。主要有三种间接方式，每种方式都需要基于一些假设。

第一种方式：先测量出银河系每秒在可见光波段辐射出的总能量，如果再知道单颗恒星每秒辐射出的平均能量值，将两者相除就能知道银河系中有多少颗恒星。这个方式的明显不足在于，观测结果容易受到尘埃消光的影响，而且单颗恒星每秒辐射出的平均能量值的估算存在较大的不确定性。

第二种方式：选择某个小的区域，数出这里有多少颗恒星，就知道恒星居住在星系里的疏密程度。如果再知道银河系有多大，乘以恒星居住的疏密程度，就能知道银河系里有多少颗恒星。该方法假设了恒星的分布是各向同性的，即以你所在位置为中心，往各个方向去测算恒星的数目，结果都是相同的。但是，这一假设不太合理，因为银河区域的恒星与非银河区域的恒星的疏密程度本来就相差甚大。

第三种方式：测量出星系恒星物质的总质量，再除以单颗恒星平均的质量，就能知道银河系中有多少颗恒星。这个方式也有不足，因为恒星质量本身存在一个较广的分布范围，其测量结果也存在较大不确定性。

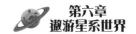

发现河外星系

17世纪早期，天文学家在利用天文望远镜将银河分解为一颗颗恒星的同时，还发现了另外一种云雾状天体，这类天体在天文望远镜里无法被分解为恒星，因此被命名为"星云"。

通过口径更大、分辨率更高的天文望远镜，天文学家发现有一些弥漫星云能够分解为一颗颗恒星，这些星云通常是由很多恒星组成的星团。还有一些星云，无论在多大口径的望远镜中都仍然是模糊一团。

1780年，法国天文学家梅西耶发表了著名的《星云星团表》，其中包括110个星团和星云状天体。这110个天体就是今天我们常说的用M开头编号的梅西耶天体，比如M31，就是著名的仙女座星云的编号。值得一提的是，梅西耶的主要研究对象是彗星，他编著这个星表的目的是提醒大家不要把这些弥漫状的天体和彗星混淆在一起。

那些看起来模糊一团的星云，是因望远镜分辨能力有限而无法分辨的星团或星系，还是由气体尘埃组成的星云呢？这些星云位于银河系内还是银河系外？对于一些外形呈现出明显的旋涡结构的星云，著名哲学家康德提出猜想，这些星云可能是和银河系一样巨大的恒星系统。

　　宇宙就像是一个无边无际的大海，这些巨大的星云和银河系构成了宇宙中的一个个岛屿。康德的"宇宙岛"猜想更多的是基于一种哲学的思辨，缺乏直接的科学证据。对这些星云的问题和谜题的探索一直延续到了20世纪。

宇宙就像一个无边无际的大海

旋涡星云的观测角逐

　　1894年，一位富有的波士顿商人帕西瓦尔·洛厄尔搬到了美国亚利桑那州的旗杆镇，购建了一台24英寸的反射式望远镜。1901年，他为这台望远镜购置了一台光谱仪，雇佣了一位天文学研究生维斯托·斯莱弗，让他在自己去波士顿做生意时代替自己进行观测。后来，斯莱弗成为利用光谱仪观测天体的专家。

🪐 洛厄尔使用反射
式望远镜观测水
星（图片来源：
洛厄尔天文台）

　　洛厄尔鼓励斯莱弗去探索当时神秘的旋涡星云，终于，在1910年12月，斯莱弗成功拍摄到仙女座星云的光谱。这个星云的光谱呈现出一些微弱特性，这让洛厄尔感到困惑不解。为了拍到更清晰的光谱，他对光谱仪进行了改进。

　　1912年9月17日，斯莱弗利用改进的光谱仪发现仙女座星云的光移动到了光谱的蓝光区域，说明它正以相当快的速度向银河系靠近。这是人类首次对银河系外的宇宙做出定量观测。不过当时，斯莱弗不知道自己的观测结果有如此重要的意义。对这个观测结果，加利福尼亚州的利克天文台的台长威廉·康贝尔提出了尖锐的批评。有趣的是，最终正是利克天文台证实了斯莱弗的观测结果是正确的。

　　1912年底，洛厄尔重复拍摄了仙女座星云并再次分析，他确认仙女座星云正以每秒300千米的速度向我们靠近。洛厄尔向斯莱弗表示祝贺，并劝他再测量一些旋涡星云，斯莱弗又拍摄了室女座里的草帽星系，结果表明，草帽星系正以每秒1000千米的速度远离我们。这表明，光谱线的移动是由运动造成的，而且该运动速度远远超过了已知所有其他天体的运动速度。斯莱弗继续拍摄其他旋涡星云的光谱，等到1914年夏天，他已经测量了14个旋涡星云。他发现，绝大多数星云都在远离我们。

1914年8月，在美国天文学会第17届大会上，斯莱弗介绍了自己的发现。当时，叶凯士天文台的一名研究生就坐在观众席中，他就是哈勃。斯莱弗的惊人发现赢得了在场观众的掌声，甚至连康贝尔也向他表示祝贺。等到1917年，斯莱弗已经收集了25个旋涡星系的光谱，每个光谱都能测出谱线的多普勒移动。这些数据显示，除了仙女座星系和3个小星系，其他21个星系都在远离银河系，最大的远离速度可达每秒1100千米。

不过，由于当时对于旋涡星云的本质存在争议，斯莱弗未能指出该观测现象的宇宙学暗示。他相信这些旋涡星云就像康德曾提出的"岛宇宙"，之所以看到星云的运动，是因为银河系在这些星云中穿行。在进行了十几年的研究后，斯莱弗因为被测量误差困扰而放弃了这个领域。

为了探究神秘星云的本质，当时利克天文台的赫伯·柯蒂斯也一直利用36英寸折射式望远镜拍摄星云的光谱。1919

柯蒂斯认为星云是与银河系类似的恒星集团

年3月，柯蒂斯做了一个有关旋涡星云的学术报告。加利福尼亚州的威尔逊山天文台的台长乔治·埃勒里·海耳听到报告后，意识到这些结果意义重大，提议双方合作。几个月后，他就写信给利克天文台台长，发出合作邀请。

于是，"对旋涡星云展开广泛调查"就成了一场多个天文台共同角逐的观测活动。时至今日，我们仍能感受到当时天文学家们的兴奋。

仙女座星云大辩论

1920年4月26日，美国国家科学院召开了一次"宇宙的尺度"专题辩论会，辩论的焦点是，类似仙女座星云的旋涡星云究竟是位于银河系之内还是银河系之外。

这次辩论会指出了一个重要认知问题，即人类所处的银

沙普利推算出太阳系不在银河系中心，而是处于银河系边缘，银河系的中心在人马座方向

河系在宇宙中处于一个怎样的地位，旋涡星云究竟是银河系内的气态云团，还是遥远的"岛宇宙"。著名天文学家沙普利和柯蒂斯作为双方代表分别发表意见。

沙普利曾经通过球状星团计数分析得知，太阳并非银河系的中心。他在这次辩论中认为，银河系尺度巨大，旋涡星云M31就位于银河系；而柯蒂斯则认为，这些旋涡星云不是银河系内的天体，而是像银河系那样的"岛宇宙"。在这次辩论会上，双方都没有说服彼此，也没有得出明确的结论。1921年，他们各自发表论文详细阐述自己的观点。

旋涡星云究竟位于银河系之内还是银河系之外？解决问题的关键在于测定星云的距离，如果观测到的星云的距离大于银河系的尺度，而且可分解为恒星，那就证明这些星云是处于银河系之外的，并且是和银河系差不多尺寸甚至更大的河外星系。

仙女座星云其实是仙女座星系

揭开旋涡星云之谜、证实河外星系存在的是美国天文学家埃德温·哈勃。1917年，哈勃在美国威尔逊山上建成了一架口径为100英寸的胡克望远镜，这是当时世界上口径最大的望远镜。1923年，哈勃和他的观测助手米尔顿·赫马森用这架望远镜观测了仙女座星云M31。从高分辨率照片上，可在仙女座星云的外缘证认出单颗的恒星，哈勃在其中辨认出

哈勃被称为"星系天文学
之父"

了一些被称为造父变星的
特殊恒星。

　　哈勃据此推算出仙女
座星云距离银河系大约为
100万光年，远远超过了
当时已知的银河系的尺
度。无疑，仙女座星云处
于银河系之外，而且自身
是一个星系，故将"仙女
座星云"更名为"仙女座
星系"。至此，我们便确认了河外星系的存在。

　　顺便提一句，银河系与仙女座星系之间的距离约为254
万光年。之所以哈勃测出的距离要比真实距离小，是因为哈
勃不知道造父变星存在两种类型，在用作标准烛光时应区别
对待。发现造父变星存在两种类型的科学家是曾与哈勃一起
合作研究超新星和星系的科学家沃尔特·巴德。

　　早年，巴德在威尔逊天文台工作时，利用一架100英寸的
望远镜，首次在仙女座星系的内部分辨出单颗恒星。由此，
他提出星族的概念：一类是主要分布在星系旋臂中的年轻恒
星，将其称作星族Ⅰ；另一类是主要分布在星系中心和晕中

第六章
遨游星系世界

球状星团里的年老恒星，将其称为星族Ⅱ。后来他在帕洛玛
山天文台工作时，利用新的200英寸望远镜研究造父变星，发
现这两个星族各自也都有独特的造父变星族，两类造父变星
遵循不同的"周期-光度"的关系，是不同类型的标准烛光。

　　哈勃当年测量仙女座星系和银河系之间的距离时所观测
和使用的造父变星是星族Ⅰ造父变星，但使用了星族Ⅱ造父
变星的"周期-光度"的关系，因此，低估了银河系与仙女
座星系之间的距离。巴德利用正确的"周期-光度"的关系，
重新计算了仙女座星系和银河系之间的距离，得到的结果是

哈勃望远镜在地球上空的轨道上

200万光年，与真实距离更接近了。1952年9月，巴德在国际天文学联合会大会上指出了这点。

不管怎样，哈勃这项划时代的发现标志着一门新学科——星系天文学的诞生。为了纪念哈勃对星系天文学所做的开创性的贡献，美国国家航空航天局把1990年发射的太空光学望远镜命名为哈勃望远镜。

河外星系的发现让人类意识到银河系并非整个宇宙，银河系之外还有其他星系，这让人类对宇宙的认识实现了又一次的跨越。

从哥白尼开始，我们知道地球不再是宇宙的中心；到赫歇尔时代，我们进一步发现太阳只是银河系中的一颗普通恒星；哈勃等人的一系列观测结果证实，银河系也只是茫茫宇宙中的一个小岛。在这样的历程中，人类在宇宙中所处位置的特殊性被一步步消除，不过，也正因为这样，宇宙的神秘帷幕才在人类的认知中被一步步揭开。

再次认识星云

曾经，星云泛指那些看起来弥漫的像云的天体，它们中的一部分是银河系内的星团，有些是银河系之外的星系，还有些是由气体和尘埃组成的星际云，可以说是真正意义上的星云。常见的星云可以分成三类：弥漫星云、行星状星云和超新星残骸。

第一类星云——弥漫星云，包含了大多数星云，没有明显的形状和边界。其中一些星云自身通过电离气体能够发出可见光，称为发射星云。发射星云通常对应恒星形成的区域，那里就像恒星的"摇篮"，尘埃和气体为恒星的诞生提供原料和场所。

当形成大质量恒星时，恒星发出的紫外线会电离周围的气体，进而发出可见光。还有些星云本身几乎不会产生可见光，只是反射邻近恒星的光，称为反射星云。还有一类弥漫星云叫暗星云，既不发射也不反射任何光线，它们是在更遥远的恒星前面或发射星云前面的黑暗星云。

第二类星云——行星状星云，外形呈环状或盘状，天文学家们初次通过望远镜看到这些天体时，认为它们像行星的盘面，故取名"行星状星云"。但行星状星云与行星没有任何关系，它们其实是低质量恒星演化至生命晚期成为白矮星时，从外壳层抛出的气体形成的星云。根据理论预言，太阳在约50亿年后会演化为被行星状星云包围的白矮星。

第三类星云——超新星残骸，大质量恒星演化到生命晚期时，恒星会塌缩，内落的气体碰到恒星坚硬的内核后，会强烈地反弹，导致气体爆炸性地向外扩展，外流气体就成了超新星残骸，著名的蟹状星云就是典型的示例。这类星云不仅在光学波段发光，在X射线和射电波段也有很强的辐射。

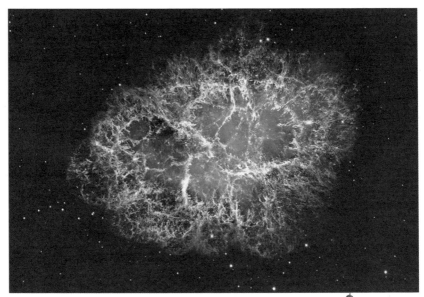

蟹状星云

　　如此看来，真正意义的星云是气体和尘埃组成的星际云。它们或与恒星的诞生有关，或与恒星的死亡有关，还有些云状结构的天体，我们尚不清楚它们是如何形成的。可以说，星云中还有很多秘密，等着我们去探索呢!

河外星系的多彩世界

　　在证实了仙女座星系是银河系之外的星系之后，哈勃观测了更多的星系。1929年，哈勃开始对星系结构进行分类。他将天文望远镜拍摄到的星系分成4大类：椭圆星系、旋

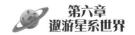

涡星系、棒旋星系、不规则星系，分别用E（Elliptical）、S
（Spiral）、SB（Barred Spiral）、Irr（Irregular）表示，形成
了著名的哈勃音叉图。

　　椭圆星系（E）外形呈正圆或椭圆形，亮度分布高度集
中，没有明显的子结构。根据椭的程度（即椭率大小，越接

椭圆星系 IC 1459（图片来源：卡内基星系巡天，CGS）

近正圆时椭率越小）可进一步分类成从接近圆形的E0到非常瘦长的E7。

旋涡星系（S）带有明显的旋涡结构，如果旋涡星系中心区域还呈现一个短棒状结构，就被称为棒旋星系（SB）。旋涡星系有明显的核心，核心区有鼓起来的球形结构，称作核球；核球外是一个薄盘，盘中有旋臂结构。这类星系从正面看，形似旋涡，而侧向看则呈梭状。根据旋涡星系中心核球的显著度、旋臂结构的紧致度和规则度分为三类，其中，Sa型中心核球显著，周围稀疏地分布着紧卷的旋臂；Sb型中心核球较小，旋臂较大并较舒展；Sc型中心核球为小亮核，

旋涡星系

旋臂大而松弛。这里的a、b、c仅仅是一个标记，用于表征不同核球和旋臂的形态。类似地，对棒旋星系，我们也可以根据其核球和旋臂的形态将其分为SBa、SBb及SBc。

那些外形不规则、没有明显的核和旋臂结构的星系统称为不规则星系。此外，介于椭圆星系和旋涡星系之间，还有一类没有旋臂等子结构但存在显著核球的盘星系，称作透镜星系，用S0或SB0（棒状透镜星系）表示。由于无法确定这些星系在空间中真实的取向，因此这种分类法只适用于从地球上所见的星系外形分类。

我们从哈勃对星系形态进行分类的音叉图可以看出，椭

透镜星系 NGC 7507（图片来源：卡内基星系巡天，CGS）

圆星系在最左端，按照椭圆程度形成一个序列，从椭圆星系向右，中心高密度的恒星结构相对越来越小，呈盘状的恒星结构和旋臂结构的显著性加强；普通的旋涡星系和棒旋星系组成了"音叉"的两个叉。

哈勃将椭圆星系和透镜星系称为"早型"星系，把旋涡星系和不规则星系称作"晚型"星系。这样的名称容易让人误以为哈勃的星系序列反映了星系的演化顺序。但实际上，哈勃在1927年曾这样说："这种命名强调的是星系在序列中的位置，但容易让人误会它含有演化信息。我这一整套星系分类纯粹是依据经验得来的，对星系的演化理论不带任何偏见。"

基于哈勃的星系分类，我们所在的银河系就属于棒旋星

星系音叉图（图片来源：上海天文台）

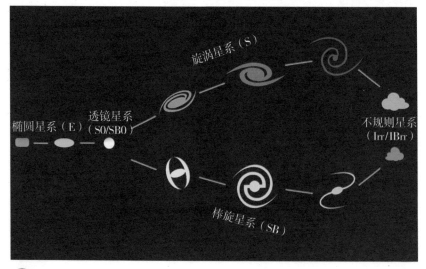

旋涡星系（S）

椭圆星系（E）　透镜星系（S0/SB0）

不规则星系（Irr/IBrr）

棒旋星系（SB）

系，并非普通的旋涡星系。虽然20世纪50年代有观测暗示银河系中心存在一个棒，但确切的观测证据是近20年才发现的。

根据形态对星系进行分类只是星系研究的开始，不同的形状反映了星系不同的形成和演化历史。棒状结构和旋涡状结构的产生都是因为盘星系自身的不稳定性，这种不稳定性的触发有可能是星系内部的原因，也有可能源于外部卫星星系的扰动，不同的扰动模式最终会产生不同的结构。椭圆星系的形成，通常被认为是由于早期星系经历了主并合过程，彻底破坏了原有的结构（如盘、旋臂等），从而产生了一个由无规则运动主导的椭圆形星系。

可以说，从对星系形态进行分类到研究星系不同形态间的关系，这恰恰是星系研究中自然延伸出的一大步。

星系、恒星与碰撞

2012年，科学家利用哈勃望远镜从2002年到2010年收集的数据发现，仙女座星系正以每秒110千米的速度向银河系运动。仙女座星系是距离银河系最近的大星系，它们之间相隔约254万光年，相当于2400亿亿千米。根据估算，再过约40亿年，银河系将与仙女座星系发生碰撞，最终并合成一个巨大的椭圆星系。

其实，在宇宙中，星系碰撞事件并不罕见，天文学家已经拍摄到了诸多星系碰撞的证据。天文学家们不仅从宇宙中观测到了这类现象，还能在电脑中用数值模拟出它们是如何并合的，考虑引力、恒星形成、黑洞吸积物质后向外产生的喷流对星系的影响等多种因素。

星系相互之间的引力作用很常见，特别是大质量星系及其卫星星系之间。如果发生碰撞的两个星系质量悬殊，小质量星系会被撕碎，成为大质量星系的一部分，而大质量星系几乎仍然维持原来的形状，仙女座星系应该曾与一个更小的星系发生过碰撞；而银河系中的一些卫星星系也正在慢慢地与银河系并合。

但是当两个星系尺寸相当的时候，例如银河系和仙女座

NGC 6092 是一对正在碰撞中的星系（图片来源：NASA、ESA）

星系，两者之间发生碰撞将毁坏彼此的旋涡结构，最终形成
一个椭圆星系。而两者的相互碰撞会产生大量气体分子云，
进而形成大量的恒星。恒星形成后，两个星系内的气体物质
被消耗殆尽，最年轻的大质量恒星演化速度快，最终以超新
星爆炸的方式结束此生，留下的就是年老的红色恒星。这也
是为什么椭圆星系中有很多红色恒星，并且恒星形成率很低。

星系中的恒星会碰撞吗？

在星系碰撞的过程中，恒星或行星之间的碰撞概率很
低，几乎不可能发生。其主要原因是，星系中恒星之间的

距离与恒星大小的对比悬殊。距离太阳最近的恒星是比邻星，两者之间的距离为4.24光年，约是太阳自身大小的2888万倍。如果恒星是一粒"芝麻"，另一粒"芝麻"就远在约58千米之外。

再比较星系，以银河系和仙女座星系为例，两者之间相距290万光年，是银河系的银盘尺寸（约10万光年）的29倍，是银河系的银晕尺寸（约100万光年）的2.9倍。如果星系是一粒"芝麻"，另一粒"芝麻"就远在5.8厘米外。通过对比不难发现，星系之间发生碰撞远比恒星之间发生碰撞的可能性要高。

两个星系会发生碰撞，但恒星和恒星之间几乎不会迎头撞上，经两个星系间引力的相互作用，每个星系中的恒星会发生大范围的位置改变，形成新的分布位置。最终，原来的两个旋涡星系会形成一个椭圆星系。

"碰撞"一词容易让人联想到剧烈而短促的撞击，然而，星系的碰撞不是一蹴而就的。例如，仙女座星系和银河系之间的碰撞需要几十亿年才能完成，所以，它们之间的碰撞用"并合"形容更合适一些。

同一个星系中的恒星会碰撞吗？

当两个星系碰撞了，它们彼此之间的恒星发生碰撞的概率会很低。那么在同一个星系中，恒星会发生碰撞吗？太阳

系距离银河系的中心约为2.6万光年，这里的恒星间距空旷，是银河系中的"郊区"。

在银河系中，有些区域的恒星密度很高。球状星团是古老的恒星社区，聚集着成千上万颗恒星，这些恒星几乎出生于同一时期。在球状星团中，恒星间的平均距离约1光年，在中心区域；恒星间的距离甚至与太阳系的大小相当。在几十亿年中，球状星团中的恒星之间有可能发生"磕碰"。

天文学家在球状星团中发现一些神秘的恒星，它们质量大、温度高。如果它们和球状星团中的其他恒星形成于同一时期，那么它们早就以超新星爆炸的方式结束了生命，不可能到现在还安然无恙。因此，天文学家猜测，它们很可能形成于更晚的时期。那么，它们会不会就是恒星碰撞的产物呢？

如果两颗恒星相互运动的速度与星团中心区域的其他恒星相似，那么它们之间的碰撞将是相当剧烈的。若迎头撞上，双方均被撕裂，并被甩离"事发地点"。如果它们相互运动的速度没有那么快，那么它们可能并合成一个质量更大的恒星。

除去球状星团，银河系中另一个可能上演恒星碰撞的地方便是银河系的中心区域，那里潜伏着超大质量的黑洞，其周围几百光年范围内的物质的绕转速度，比星系的其他区域更快。天文学家在这里发现的恒星比预期的少，其中一种解释是，恒星间的碰撞造成一些恒星被撕碎，或并合成一颗新的大恒星。

解密黑洞

对于我们来说，黑洞是个既陌生又熟悉的话题，熟悉的是，它经常出现在科幻作品中，被描述成拥有隐身能力和巨大吸引力的贪婪"怪兽"；陌生的是，我们不知道黑洞究竟是什么。

最简单的黑洞模型是个不带电也不转动的黑洞，这个模型最早是由德国物理学家史瓦西于1916年计算出来的，因此被命名为史瓦西黑洞模型。在史瓦西黑洞模型中，中心是时空被无限弯曲、密度无限大的奇点；黑洞的形成使时空被事件视界分成隔离的两部分，物质和光可以从视界外进入视界，但反过来就不行。黑洞的视界内，引力很强，以至于连光都无法逃离，这也是其得名"黑洞"的主要原因。

史瓦西黑洞的事件视界半径等于$2GM/c^2$，其中G为万有引力常数，c是光速，M指黑洞质量，这说明视界的大小取决于黑洞的重要参数——质量。黑洞质量越大，视界半径就越大。

如果一个史瓦西黑洞质量是1个太阳质量，那么它的视界半径就只有3千米。换句话说，如果我们能把太阳压缩到3千米那么大，太阳内的物质和发出的光都无法逃离，最终

这些物质将不断收缩塌陷，直至被挤压到奇点处，成为一个黑洞。

我们要完整描述一个黑洞，只需要知道三个参量：质量、电荷和角动量，这就是著名的"黑洞无毛定理"。相较于最简单的黑洞模型——史瓦西黑洞模型，更复杂的黑洞模型就是不仅带电还会转动的黑洞。这些都是理论模型，而宇宙中的黑洞很可能是复杂的、转动的、有质量的黑洞，但大多数很可能是不带电的。

根据黑洞质量的大小，天文学家们将宇宙中的黑洞分成三类：恒星级质量黑洞、中等质量黑洞和超大质量黑洞。恒

超大质量黑洞（图片来源：李兆聿制作）

星级质量黑洞，质量在几倍至几百倍太阳质量之间；超大质量黑洞，质量在几百万倍太阳质量以上；而中等质量黑洞，质量位于两者之间。

恒星级质量黑洞，普遍被认为是大质量恒星演化到晚期发生超新星爆炸之后留下的残骸。而超大质量黑洞是经小质量的种子黑洞的并合和自身吞噬物质成长起来的。

黑洞的起源和成长中所涉及的问题还有很多没有得到解决。如果宇宙早期的种子黑洞是恒星级质量黑洞，靠它们自己"狂吃东西"是没法在几亿年间长成超大质量黑洞的。但是，我们却实实在在地看到了120多亿年前的超大质量黑洞，这些超大质量黑洞是如何在很短的时间里形成的呢？这便是宇宙早期的超大质量黑洞的来源之谜。

黑洞是黑的吗？

虽然我们看不见风，但能通过观察风吹动树叶来判断风的存在。对于黑洞，我们也可以通过观测黑洞的强引力对周围的恒星、气体产生的影响来"看"到黑洞。

第一，恒星的运动透露了黑洞的踪迹。

我们身处的太阳系是银河系千亿个恒星系统中的普通一员。距离我们26万光年，在银河系中心的人马座Sgr A*区域潜伏着一个超大质量黑洞。

1974年，天文学家们观测发现Sgr A*是一个明亮的射电

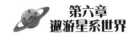

辐射源。从20世纪90年代开始，天文学家们就对银河系中心区域的恒星进行了多年的跟踪观测。银盘上的尘埃部分阻挡了地球上的我们从光学波段直接看向银河系中心的视线，好在我们能通过红外波段的观测穿过尘埃看到那里。

2009年，一个国际天文研究团队根据长达16年的红外观测，得到其中28颗恒星的运动轨道，发现它们在围绕着一个看不见的天体转动。在银河系中心周围的众多恒星中，编号为S2的恒星最值得一提，它每15.56年围绕银心转一圈，因此，16年内能看到它完整的周期。S2离Sgr A*最近时仅有17光时，相当于天王星和太阳之间距离的4倍。这意味着，那看不见的天体的尺寸不到17光时，但拥有的质量却是太阳质量的430万倍。

2017年，该团队根据长达25年的观测，确定了40颗恒星的轨道，并根据对其中17颗恒星的轨道分析，以更低的误差计算出银河系中心黑洞质量为太阳质量的428万倍。另一个致力于测量银河系中心黑洞质量的团队根据20多年的观测数据，得出了类似的黑洞质量估计。

黑洞的质量是太阳质量的400多万倍，可以说，我们很难找到其他具有这样性质的天体了。天文学家们认为，该证据表明银河系中心潜伏着一个超大质量黑洞。这便是揭示黑洞存在的典型证据之一。

另一个典型证据是，天文学家们发现，研究某些恒星呈现的周期性运动能帮助我们找到恒星级黑洞的候选体。2019

年，中国科学院国家天文台的刘继峰、张昊彤研究团队，依托郭守敬望远镜的巡天优势，通过研究恒星光谱体现的运动来推测其是否存在伴星，以及伴星是否为黑洞，并成功发现了一颗迄今为止质量最大的恒星级质量黑洞候选体。

第二，"小尺度大光度"型电磁辐射暴露了黑洞。

除了这颗新发现的恒星级质量黑洞外，迄今为止，天文学家还在银河系发现了约20颗恒星级黑洞，这些黑洞都是通过黑洞吸积伴星气体所产生的X射线来识别的。

下面我们将重点介绍一类"活跃的且吃东西的"超大质量黑洞——类星体。类星体的光学图像看起来类似恒星，但并不是恒星，而且本质上也不是普通星系，而是属于活动星系核这一类的天体，并且是活动性最强的活动星系核。

活动星系核，即活动星系的核心。虽然天文学家普遍认为普通星系与活动星系的中心都存在着质量是百万个太阳质量以上的大质量黑洞，但两者的差异主要是，普通星系的中心黑洞周围并没有太多物质供它吸积，所以普通星系中心的发光强度远远低于活动星系。

太阳每秒钟释放385亿亿亿焦耳的能量，相当于10亿亿吨TNT爆炸释放的能量，或者50万亿个原子弹爆炸产生的能量。与之形成对比的是，银河系的总光度约是太阳光度的360亿倍，一个典型类星体的光度是银河系总光度的上千倍。如果把类星体的发光区域比作一颗"黄豆"那么大，普通星系就相当于一个直径5万米的球体，这颗"黄豆"每秒钟发

出的能量比这个球体还要强很多。

基于它的小尺寸和大能量，其能量转换效率远不是恒星内部核反应所能解释的。后来天文学家发现，这可以用中心致密天体周围的物质所释放出的引力能加以解释，中心致密天体最有可能是超大质量黑洞。

第三，通过黑洞的成长过程"听见"黑洞。

2015年9月14日，激光干涉引力波观测站的两个引力波探测器几乎同时探测到一个短暂的引力波信号，引力波源是13亿光年之外的两个恒星级质量黑洞的碰撞并合。这是人类第一次直接探测到引力波，也是人类第一次探测到双黑洞的并合，是对爱因斯坦广义相对论的又一伟大见证。

截至2020年2月20日，人们一共发现了11次引力波事件信号，其中10次对应恒星级质量双黑洞的并合，1次对应双中子星的并合，借助并合，小的黑洞成长为大的黑洞。每个大质量星系的中心几乎都存在一个超大质量黑洞，宇宙中也不乏星系并合的观测证据，星系并合的后期，便是两者中心超大质量黑洞的并合。未来激光干涉空间天线和中国的空间引力波探测计划"太极计划"等将致力于探测来自超大质量黑洞并合产生的更低频引力波信号。

第四，给黑洞拍照让我们直接"看见"黑洞。

以上列举的都是通过间接的方法来证明黑洞的存在，天文学家希望能通过更直观的黑洞照片来证明黑洞的存在。更直接地"看"到黑洞的方式，便是拍摄黑洞的照片。

2019年4月10日，事件视界望远镜合作组织协调召开全球六地联合发布会，发布了人类拍摄的首张黑洞照片，这是5500万光年外的大质量星系M87中心超大质量黑洞的阴影照片，是黑洞存在的直接"视觉"证据。这张照片拍摄于2017年4月，2年后才被"冲洗"出来，极大地加深了人们对这个黑洞中央引擎及其系统的理解。2021年3月24日，事件视界望远镜合作组织发布了M87中心黑洞的磁场偏振照片；4月14日，全球望远镜（阵）对M87中心黑洞所开展的前所未有的最全多波段同步观测的数据被正式发布，这是对爱因斯坦广义相对论的有力检验。

广义相对论预言，因为黑洞的存在，周围时空弯曲，气体被吸引下落。气体下落至黑洞的过程中，引力能转化为光和热，因此，气体被加热至数十亿摄氏度。黑洞就像沉浸在一片类似发光气体的明亮区域内，事件视界看起来就像阴影，阴影周围环绕着一个由吸积或喷流辐射造成的如新月状的光环。鉴于黑洞的自旋及与观测者视线方向的不同，光环的大小约为4.8～5.2倍史瓦西半径。

为什么要给黑洞拍照片？

给黑洞拍照可不是简单地拍一张照片看看就行了，而是有重要的科学意义的。

第一，对黑洞阴影的成像将能提供黑洞存在的直接"视

M87 星系中心超大质量黑洞（这张照片于 2017 年 4 月拍摄，2 年后才"冲洗"出来。2019 年 4 月 10 日由黑洞事件视界望远镜合作组织协调召开全球六地联合发布。）

觉"证据。黑洞是具有强引力的，给黑洞拍照最主要的目的是，在强引力场下验证广义相对论，看看观测结果是否与理论预言一致。

第二，有助于理解黑洞是如何"吃东西"的。黑洞的"暗影"区域非常靠近黑洞吞噬物质形成的吸积盘的极内部区域，这里的信息尤为关键，综合之前观测获得的吸积盘更外侧的信息，就能更好地重构这个物理过程。

第三，有助于理解黑洞喷流的产生和方向。某些朝向黑洞下落的物质在被吞噬之前，由于磁场的作用，会沿着黑洞的转动方向被喷出去。以前收集的信息大多是大范围的，科学家没法知道靠近喷流产生的源头处发生了什么，现在对黑洞暗影的拍摄，能助天文学家一臂之力。

黑洞是宇宙中真实存在的天体，借用间接和直接的方式，我们可以"看见"或"听见"黑洞。当然我们没法看到黑洞视界里面是什么。从实用的观点看，黑洞的研究并不能为人们的经济生活带来直接的改变，但是换个角度想，探索黑洞会驱动技术的发展，试想，引力波的探测和黑洞照片的拍摄成功的背后，人类克服了多少技术难关。

上述四类"看见"或"听见"黑洞的方法无不对探测设备的灵敏度、分辨本领等提出更高的要求，无不对数据处理和分析的工具寄予更高的期望。为了实现这样的需求，人们必须在高精度光学元件、电荷耦合元件、大功率稳频激光器、超算等方面不断突破现有的水平，进行提升。这些成果不仅最终有助于诸如黑洞这类基础研究，还将有助于提升技术和工程水平。

改用康德曾经说过的一段话，我们对黑洞的思考越是深沉和持久，它们的神奇就越会充溢我们的心灵。在宇宙的浩瀚剧场中，地球只是一个极小的舞台。这个舞台上的人们在好奇心的驱动下，凭借着智慧和努力"看"到黑洞；黑洞为我们研究其形成和演化、它们与寄主星系之间的关系，以及宇宙的历史等提供了重要的研究载体。人类在黑洞的探索之路上将会继续前行。

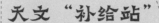

天文 "补给站"

1. 双星：指两颗距离很近，且受彼此引力束缚互相绕转的恒星。

2. 宇宙岛：哲学家康德提出的观点，认为星系就像一个个小岛存在于宇宙空间站。

3. 多普勒移动：指天体相对观测者的运动导致其辐射的波长发生移动的现象。

4. 电离：在外部能量作用下，原子、分子形成离子（及自由电子）的过程。

5. 主并合过程：指具有相似质量的星系互相并合的过程。

6. 事件视界：指黑洞附近光线无法逃脱的半径范围，也被称为"黑洞的半径"。

7. 光时：光走一小时的距离，约等于 10 亿千米。

8. TNT：三硝基甲苯炸药。

9. 史瓦西半径：指任何具有质量的物质都存在的一个临界半径特征值。计算公式为 $Rs=GM/c^2$，其中 Rs 为天体的史瓦西半径，G 为万有引力常数，M 为天体的质量，c 为光速。

天文学博士妙趣科普宇宙的秘密！

《写给孩子的天文课》配套音频，喜马拉雅热播课程，扫码马上听！